新型职业农民培育规划教材

新型农业经营主体带头人

◎ 王小慧　李国库　绽自珍　主编

中国农业科学技术出版社

图书在版编目（CIP）数据

新型农业经营主体带头人／王小慧，李国库，绽自珍主编.—北京：中国农业科学技术出版社，2018.3

ISBN 978-7-5116-3521-1

Ⅰ.①新… Ⅱ.①王…②李…③绽… Ⅲ.①农业经营-经营管理-研究-中国 Ⅳ.①F324

中国版本图书馆 CIP 数据核字（2018）第 033762 号

责任编辑 白姗姗
责任校对 李向荣

出 版 者 中国农业科学技术出版社
北京市中关村南大街 12 号 邮编：100081
电　　话 (010)82106638(编辑室) (010)82109702(发行部)
(010)82109709(读者服务部)
传　　真 (010)82106650
网　　址 http://www.castp.cn
经 销 者 各地新华书店
印 刷 者 北京富泰印刷有限责任公司
开　　本 850mm×1 168mm 1/32
印　　张 5.125
字　　数 137 千字
版　　次 2018 年 3 月第 1 版 2018 年 3 月第 1 次印刷
定　　价 33.90 元

《新型农业经营主体带头人》
编委会

前　言

新型农业经营主体，通常是指农民合作社、家庭农场、专业大户、农业产业化龙头企业等，普遍具有思想活沃、与时俱进、经营管理能力较强等特点，并有一定经济实力、技术支撑、产业发展基础，以及相对稳定的销售渠道和互联网销售基础。充分发挥他们的资源优势、产业优势、科技优势、市场优势，可以起到较好的带动和帮扶作用。

本书分为7章，详细介绍了新型农业经营体系、新型农业经营主体带头人、专业大户、家庭农场、农民合作社、农业产业化龙头企业、农业社会化服务等内容。

本书围绕农民培训，以满足农民朋友生产中的需求。重点介绍了新型农业经营主体带头人的基础知识。书中语言通俗易懂，内容深入浅出，实用性强，适合广大农民、基层农技人员学习参考。

编　者

2018年1月

目　　录

第一章　新型农业经营体系

第一节　新型农业经营体系的内涵

一、新型农业经营主体的含义

农业经营主体，包括直接或者间接从事农产品生产、加工、销售和服务的任何个人和组织，是指承担农业经营任务的当事者。农业经营主体的当事者需要拥有一定规模的土地、资金、资产、设备和劳动力，要具备一定的经营知识和经营能力，能够实现自主经营、自负盈亏，能够承担相应的法律责任。

二、新型农业经营主体的概念

新型农业经营主体，是指具有较大经营规模、较好物质装备条件和经营管理能力，具备较高的劳动生产、资源利用和土地产出率的，以商品化生产为主要目标的农业经营组织。新型农业经营主体一般以农户家庭为基本组织单位，通过租赁、转包等形式，通过受让农户流出的土地，从事适度规模的农业生产、加工和销售。

三、新型农业经营主体的特点

新型农业经营主体适应我国地少人多的具体国情，具有比传统农户更高的技术装备水平和管理经营水平。具体而言，有以下特点。

1. 以市场化为导向

传统农户的商品化率较低，农产品生产自给自足。新型农业经营主体在市场化、城镇化的大背景下，依照农产品需求提供相应的生产和服务，开展相应的经营活动，实现产品和服务与市场的有效对接，提高农产品的商品化率，获得较高的经济效益。

2. 以专业化为手段

传统农户兼业化倾向明显，生产内容小而全。新型农业经营主体大都集中于农业生产的某一个或少数几个领域或品种，重点开展专业化的生产经营活动，分工明确，生产力水平有所提高。

3. 以规模化为基础

传统农户受生产力水平的制约，扩大生产规模的能力较弱。而新型农业经营主体在农业生产技术和机械化水平不断提高、基础设施条件改善和大量劳动力转移的情况下，通过专业化的农业生产实现对资源的充分利用，从而能够扩大经营规模，提高规模效应，谋求较高的经济收益。规模化是合作化的结果，是实现产业化和市场化的前提，是新型农业经营方式的优势所在。

4. 以集约化为标志

传统农户由于缺乏资金和技术，提高土地产出率的主要方法是靠增加劳动投入。新型农业经营主体有较好的物质装备条件，可以集成各类生产要素，充分发挥资金、技术、信息、装备、人才等各方面的优势，以较高的生产技术、经营管理水平和装备条件实现对生产资源要素的集约利用，提高劳动生产率、土地产出率和资源利用率。

四、新型农业经营体系的概念

新型农业经营体系，是指集专业化、组织化、集约化、社会化于一体的农业经营体系。专业大户、家庭农场、农民合作社和农业产业化龙头企业等新型农业经营主体共同构成了新型农业经营体系，但在现代农业中具有不同的定位。

专业大户和家庭农场主要承担农产品生产的功能，对小规模农户具有示范效应，带动传统农户采用先进技术和生产手段，增加资本和技术等生产要素的投资。农民合作社发挥带动散户、组织大户、对接企业、联结市场的功能，进而提升农民组织化程度。农业产业化龙头企业具有技术、资金、人才、设备的优势，能够实现先进生产要素的集成，承担着农产品加工和市场营销方面的功能，为农户提供产前、产中、产后的各类服务。

在新型农业经营体系中，各种新型农业经营主体相互合作、互相融合，共同推动传统农业向现代农业的转变。家庭农场的经营性质较为综合，可能出于效率和效益的考虑，将一部分生产性服务外包给农民合作社等特定组织，在农地租赁方面也会借助于农民合作社，以避免面对分散农户的高昂交易成本。家庭农场也可能成为专业合作社社员。与此类似，农业产业化龙头企业也可能为了降低与分散农户的交易成本而加入合作社，或者直接领办合作社。除此之外，家庭农场、农民合作社、农业产业化龙头企业等新型农业经营主体自身也会因为产品和服务的交易而产生经济合作关系。

五、新型农业经营主体形成的背景

农业生产面临的突出问题和已经成熟的发展新型农业经营主体的条件是新型农业经营主体形成的两大背景。

随着经济的快速发展，工业化、城镇化、市场化也在深入发展，农村富余劳动力开始向城镇和第二、三产业转移，农村劳动力的结构和收入来源等发生了很大变化，从事农业的劳动力老龄化趋势明显，谁来种地和怎么种地的问题日渐突出。

我国已进入工业化中期阶段，工业文明也将向农村、农业、农民固有的领域高速地推进和渗透。工业化和城镇化的深入推进并带动农村劳动力的大量转移，农村土地流转日趋顺畅。同时，随着农业信息化的推进，服务社会化和生产机械化的发展，培育新型农业经营主体的条件已经逐渐成熟。土地流转面积占家庭承包耕地的比重不断扩大，规模经营发展迅速。

此外，农业高新技术逐渐传播和实践，新材料、新装备集成应用，机械化程度也逐渐提高，现代农业管理经营知识日益普及，我国农业要素环境持续好转。

在以上几方面的背景下，培育新型农业经营主体已经成为发展农村经济、推进农业现代化的大势所趋。

新型农业经营主体的资金来源主要有以下几种。

自有资金、互助资金、以农村信用社为主的金融服务、担保贷款、民间借贷等。民间自发的融资比较多，保险发展较慢，债券、证券等融资形式还未形成大规模发展的态势。

第二节　新型农业经营体系的构成

一、专业大户和家庭农场

专业大户和家庭农场是在农村分工分业发展的背景下，逐步形成的以家庭成员为主要劳动力，面向市场从事集约化、专业化、标准化生产经营，以务农为家庭收入主要来源的农业生产经营组织。专业大户和家庭农场具有经营规模较大、不存在委托代理、契约化交易为主、监督成本较低等基本特征。

二、农民合作社和股份合作社

农民合作社是农户为提高市场谈判地位、降低生产和交易成本、增强融资和抗风险能力、分享生产经营增值收益，通过联合与合作组建起来的一种生产经营组织形式。专业合作社是在家庭承包经营基础上，由同类农产品的生产经营者或生产经营服务的提供者、利用者，实行自愿联合、民主管理的互助性经济组织。股份合作社是农民以土地或资产入股方式组建起来的合作性经济组织。农民合作社的基本特征是：成员以农民为主体、决策实行一人一票、分配主要按惠顾额返还，通过横向联合扩大经营规模。

三、农业产业化龙头企业和公司制经营方式

公司制经营方式是市场化程度较高的现代农业经营组织形

式。公司制企业具有产权明晰、治理结构完善、管理效率较高，以及技术装备先进、融资和抗风险能力较强、产品附加值高、辐射带动能力较强等基本特征。农业产业化龙头企业主要从事农产品生产、加工或流通，并通过各种利益联结机制与农户相联系，使农产品生产、加工、销售有机结合，实行一体化经营。

四、公益性服务组织和经营性服务组织

农业社会化服务组织大体上可以分为两类：一类是公益性服务组织，以国家设在基层的公益性服务机构为主体；另一类是经营性服务组织，即除公益性服务机构以外的各种服务组织。实际上，许多专业大户、农民合作社、龙头企业也都不同程度地为农户提供生产经营服务，它们既是经营主体，又是社会化服务组织。

第三节　构建新型农业经营体系的意义

新型农业经营体系是对农村基本经营制度的丰富和发展，是对以家庭承包经营为基础、统分结合双层经营体制的完善。构建新型农业经营体系是发展现代农业的需要。我国农村正在发生深刻变化，农业经营方式面临很多新的挑战，经营规模小、方式粗放、组织化程度低、服务体系不健全、劳动力老龄化等问题表现突出，因此，构建新型农业经营体系符合农业经营方式的发展要求，培育专业大户、家庭农场、农民合作社、农业产业化龙头企业等新型农业经营主体，发展多种形式的农业规模经营和社会化服务，有利于解决现存的问题，保障和推动农业更好、更快地发展。

新型农业经营主体是构建现代农业产业体系的依靠力量。新型农业经营体系可以将资金、技术和现代经营管理理念引入农业，延长农业产业链条，提高农业的附加值，推动构建现代农业产业体系，提高农业的抗风险能力和市场竞争力。

长远来看，在我国新型农业经营体系中，专业大户和家庭

农场将成为大宗农产品和商品粮的主要生产者，为小规模分散经营农户提供示范效应，带动小规模分散农户增加资本、技术等生产要素的投入，带动小规模分散农户采用先进技术和生产手段，提高农业生产的集约化水平。农民合作社将成为农业社会化服务的主要提供者，发挥带动散户、组织大户、对接企业、联结市场的作用，带领农民提升组织化程度，引领农民进入国内外市场。农业产业化龙头企业将主要致力于农业产前投入、产中服务、产后收储、加工和流通环节，以及资源开发利用和规模化养殖领域，发挥其在资金、人才、技术、设备等方面的比较优势。

第四节　构建多主体多形式的新型农业经营体系

一、中国农业经营体系的演变过程

农业经营体系的演进大致可分为五个阶段。第一阶段，1978 年党的十一届三中全会召开，普遍推行以家庭联产承包责任制为主要内容的农村经济体制改革，废除人民公社，到 1983 年年底实行包干到户的农户占全部农户数量的 98%。第二阶段，1991 年《中共中央关于进一步加强农业和农村工作的决定》提出，把以家庭联产承包为主的责任制、统分结合的双层经营体制，作为我国乡村集体经济组织的一项基本制度长期稳定下来，并不断充实完善。第三阶段，1998 年党的十五届三中全会通过的《中共中央关于农业和农村工作若干重大问题的决定》提出，要长期稳定以家庭承包经营为基础、统分结合的双层经营体制。家庭承包经营是集体经济组织内部的一个经营层次，是双层经营体制的基础，家庭经营具有广泛的适应性和旺盛的生命力，必须长期坚持。第四阶段，2008 年党的十七届三中全会《中共中央关于推进农村改革发展若干重大问题的决定》提出，推进农业经营体制机制创新，加快农业经营方式转变。家庭经营要向采用先进科技和生产手段的方向转变，着力提高集约化水平；

统一经营要向发展农户联合与合作，形成多元化、多层次、多形式经营服务体系的方向转变，着力提高组织化程度。第五阶段，2012 年党的“十八大”报告和 2013 年党的十八届三中全会《中共中央关于全面深化改革若干重大问题的决定》提出，坚持和完善农村基本经营制度，构建集约化、专业化、组织化、社会化相结合的新型农业经营体系。坚持家庭经营在农业中的基础性地位，推进家庭经营、集体经营、合作经营、企业经营等共同发展的农业经营方式创新。

二、新型农业经营体系的框架结构

新型农业经营体系是指以家庭承包经营为基础，以新型农业经营主体为核心，以农业社会化服务和农村金融服务为支撑的立体式、复合型的现代农业经营体系。培育新型农业经营主体，创新农业经营方式，家庭承包经营是基础，并且会随着农村生产力的发展而不断完善，是其他经营主体扩大经营规模的源泉，而且会随着工业化、城镇化的发展而逐步分化；专业大户、家庭农场是在家庭经营基础上发展起来的新的农业经营主体，是构建新型农业经营体系的骨干，是商品农产品特别是大田作物农产品的主要提供者，是发展合作经营的核心力量；农民合作社是以家庭经营为基础、由农户联合与合作组织起来的农业经营组织形式，是构建新型农业经营体系的中坚，是引领家庭经营主体参与国内外市场竞争的重要力量，是联结各类农业经营主体的桥梁和纽带；农业企业经营是从事农产品运销、储藏、加工发展起来的农业经营方式，是构建新型农业经营体系的引领，是分散经营有效对接社会化大市场的重要平台，是带动其他经营主体分享产业链增值收益的核心力量；农业社会化服务和农村金融服务是为农业经营主体提供生产服务和融资服务的组织体系，是构建新型农业经营体系的主要支撑，是维系其他农业经营主体健康发展不可或缺的重要依托，是推进现代农业发展的基本保障，见右图。

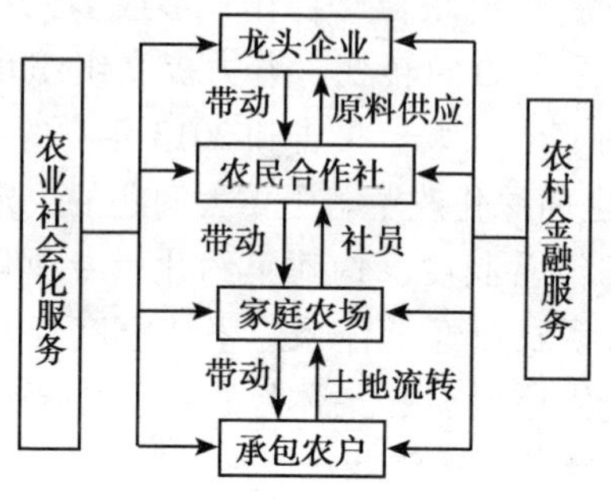

图　新型农业经营体系的框架结构

第五节　培育新型农业经营主体的重点任务和对策措施

一、培育新型农业经营主体的重点任务

（一）发展多种形式规模经营

鼓励土地承包经营权向专业大户和家庭农场流转，发展多种形式规模经营。提高农村土地流转管理服务水平，鼓励农民承包地向专业大户和家庭农场流转。一是健全农村土地承包经营权流转市场。加强土地流转平台建设，建立健全县乡村三级流转服务体系，开展流转供求信息、合同指导、价格协调、纠纷调解等服务，引导土地依法、自愿、平稳流转。在尊重农民意愿的前提下，积极推广委托流转、股份合作流转、季节性流转等方式，推进整村整组连片流转，提高规模经营水平。推广实物计租货币结算、租金动态调整、土地入股保底分红等利益分配方式，稳定土地流转关系，保护流转双方合法权益。二是建立土地优先向专业大户和家庭农场流转的有效机制。以资金扶持为导向，建立分层分级的补助标准，鼓励土地转出户与专业大户、家庭农场签订中长期租赁合同，发展稳定而适度的规模经营。三是建立示范性家庭农场认定培育机制。按照自愿原则开展家庭农场登记，建立示范性家庭农场认定、管理和培训

制度，健全有针对性的财政、税收、金融等扶持政策。

（二）引导农民加强联合与合作，发展多种形式的新型农民合作组织

按照“积极发展、逐步规范、强化扶持、提升素质”的要求，大力发展多元化、多类型的农民合作组织。一是规范发展专业合作社。认真贯彻实施《中华人民共和国农民合作社法》，指导合作社制定好符合本社实际的章程，建立健全各项内部管理制度，切实做到民主办社、民主管理。二是稳步发展土地股份合作社。在集体经济实力和领导班子组织能力较强的地方，坚持农户自愿原则，稳妥推进土地股份合作社发展，开展农村土地股份合作社和农村集体股份合作社登记管理，防止假借合作的名义侵害农民的土地承包权益。三是鼓励发展农民合作社联合社。在专业合作基础上支持相同产业、相同产品的合作社组成联合社，落实和完善相关税收优惠政策，支持农民合作社发展农产品加工流通，着力发展农产品贮藏、销售和加工，提高市场竞争能力和带动农户能力。四是引导合作社开展内部信用合作。按照“限于成员内部、用于产业发展、入股不吸储、分红不分息”的原则，引导产业基础牢、经营规模大、带动能力强、信用记录好的农民合作社开展内部信用合作，建立健全相关规章制度，确保规范运行、健康发展。

（三）培育壮大农业产业化龙头企业，建立和完善利益联结机制

按照“优化配置、集约经营、规模发展、整体推进”的思路，进一步培育壮大龙头企业。一是做大做强龙头企业。支持龙头企业通过兼并、重组、收购、控股等方式，培育一批引领行业发展的领军企业。积极创建农业产业化示范基地，加强技术创新、质量检测、物流信息、品牌推介等公共服务平台建设，不断提升示范基地引领现代农业发展水平。二是完善与农户的利益联结机制。大力发展订单农业，规范合同内容和签订程序，明确权利责任。支持龙头企业与专业大户、家庭农场、合作社有效对接，鼓励龙头企业创办领办合作社，推进企业与合作社深度融合发展。鼓励农户、家庭农场、合作社以资金、技术等要素入股龙头企业，形成产权联合的利益共同体。三是引导工商资本到农村发展适合企业化经营的种养业。把工商资本进入农业同各类现代农业园区建设结合起来，引导工商资本依托农业园区发展现代农业，优化产业布局，夯实发展基础。把工商资本进入农业同各地农业产业发展规划结合起来，支持工商资本在良种繁育、高标准设施农业、科研示范推广等适合企业化经营的领域发展种养业，鼓励工商资本开发荒山、荒沟、荒丘、荒滩和开展产前、产中、产后的加工、营销、技术等服务，不断增强辐射带动能力。

（四）构建农业社会化服务新机制，培育发展多元服务主体

按照“主体多元化、服务专业化、运行市场化”的方向，加快构建公益性服务与经营性服务相结合、专项服务与综合服务相协调的新型农业社会化服务体系。一是继续强化农业公益性服务体系。抓紧建立公共服务机构人员聘用制度，规范人员上岗条件，选择有真才实学的专业技术人员进入公共服务管理队伍。全面推行以公益性服务人员包村联户（合作社、企业、基地等）为主要模式的工作责任制度，逐步形成服务人员抓示范户、示范户带动辐射户的公益性服务工作新机制，不断增强乡镇公共服务机构的服务能力。二是加快培育农业经营性服务组织。采取政府订购、定向委托、奖励补助、招投标等方式，引导农民合作社、专业服务公司、专业技术协会、农民经纪人、涉农企业等经营性服务组织参与公益性服务，大力开展病虫害统防统治、动物疫病防控、农田灌排、地膜覆盖和回收等生产性服务。培育会计审计、资产评估、政策法律咨询等涉农中介服务组织。三是不断创新农业社会化服务方式。整合现有的涉农服务平台，在县级搭建集技术指导、农产品营销、农资供应、土地流转、农机服务、疫病防控等服务于一体的综合服务平台，促进农业社会化服务供需有效对接。积极推广“专业服务公司+合作社+农户”“村集体经济组织+专业化服务队+农户”“涉农企业+专家+农户”等服务模式，总结典型经验，发挥示范效应。四是开展农业社会化服务示范县创建。在全国选择一批领导重视、基础较好、经验具有普适性的县市，从培育服务主体、拓展服务领域、创新服务方式、营造发展环境等方面开展示范县创建工作，探索推动农业社会化服务工作的有效机制。及时指导和跟踪创建工作，注重提升示范引领效果，推动全国农业社会化服务体系建设迈上新台阶。

二、培育新型农业经营主体的主要对策措施

（一）改革农村土地管理制度

第一，完善农村土地承包政策。全面开展农村土地确权登记颁证工作，探索承包权与经营权分离的途径和办法。在落实土地集体所有权的基础上，稳定承包权，放活经营权。“土地所有权证”体现土地集体所有的性质，“土地承包权证”体现集体经济组织的“成员权”，“土地经营权证”用于流转和抵押。

第二，健全土地有序流转机制。有关部门应尽快出台相关指导意见，支持地方建立土地规模经营扶持专项资金，鼓励农民承包地向专业大户、家庭农场、农民合作社等新型农业经营主体流转。抓紧研究制定具体实施办法，建立工商企业租赁农户承包地准入和监管制度，重点对企业资质、经营项目、流转合同、土地用途等进行审核，对项目投资进度、租金兑付情况、耕地资源保护等加强监管。

第三，加强土地基础条件建设。探索通过“互换并地”等方式解决承包土地细碎化问题，建议中央财政设立农民互换并地规模化整理专项资金，对组织开展互换并地成效明显的县（市、区）实行以奖代补。将土地确权登记、互换并地与农田基础设施建设结合起来，整合商品粮基地、高标准农田建设、农业综合开发、土地整理、农田水利等项目资金，大力建设连片成方、旱涝保收的优质农田。

（二）创新农村金融保险制度

第一，创新农村金融制度。首先是培育和发展各类新型农村金融机构，创新农村金融产品和服务方式，允许农民合作社开展信用合作，为新型农业经营主体提供资金支持。其次是扩大农村有效担保抵押物范围，建立健全金融机构风险分散机制，将新型农业经营主体的土地经营权、住房财产权、土地附属设施、大型农机具等纳入担保抵押物范围。再次是建立新型农业经营主体信用评定制度，开展新型农业经营主体信用评级，增加对新型农业经营主体的授信额度。最后是创新贷款担保机制，可以由财政出资成立担保公司为新型农业经营主体提供担保服务，也可以建立村级互助担保基金对新型农业经营主体贷款进行担保，还可以由龙头企业为合作社和家庭农场提供贷款担保。

第二，完善农业保险制度。首先是增设由政府财政支持的政策性农业保险品种，尤其是蔬菜、水果等风险系数较高的农作物品种。其次是建立政府财政支持的农业巨灾风险补偿基金，提高农业保险保费补贴标准，降低新型农业经营主体发展生产面临的自然风险。最后是针对种粮大户和种粮合作社，开展粮食产量指数保险和粮食价格指数保险补贴试点；以种粮收入为保险标的物，通过指数保险的方式，探索新型农业经营主体种粮目标收益保险补贴试点。

（三）加大财政资金支持力度

第一，新增农业补贴资金向新型农业经营主体倾斜，对达到一定规模或条件的家庭农场、农民合作社和龙头企业，在新增补贴资金中给予优先补贴或奖励，支持发展规模经营。

第二，对新型经营主体流转土地给予一定的流转费补助，以补偿当前较高的土地流转费用；对新型经营主体开展无公害农产品、绿色食品、有机农产品生产等给予奖励，以提高新型经营主体的生产标准化水平。

第三，加强对规模经营农户、家庭农场主、农民合作社负责人和经营管理人员、龙头企业负责人和经营管理人员以及技术人员的培训，以提高他们的生产技术能力和经营管理水平。

（四）完善农业设施用地政策

继续贯彻落实农业设施用地政策，优先保障新型农业经营主体的生产设施用地及附属设施用地。有效利用村庄内闲置地、建设用地或复垦土地，支持新型农业经营主体建设连栋温室、畜禽圈舍、水产养殖池塘、育种育苗、畜禽有机物处置、农机场库棚等生产设施，以及建设晾晒场、保鲜、烘干、仓储、初加工、生物质肥料生产等附属设施。对直接用于或者服务于农业生产的水域滩涂，按农业设施用地管理，并赋予长期的经营期限。在修订土地利用总体规划时，要充分考虑新型农业经营主体发展对农业设施用地的实际需要。

（五）建立健全人才培养机制

加强新型职业农民培养，从国家层面制定中长期新型职业农民培养规划，重点面向种养大户、家庭农场经营者、合作社带头人、农民经纪人、农机手和植保员等新型职业农民开展培训，培养大批农村适用专业技术人才。扩大农民培训规模，增加补助经费。探索建立家庭农场经营者的职业教育培训制度。建立合作社带头人人才库，建设合作社人才培养实训基地，着力打造高素质的合作社领军人才队伍和辅导员队伍。加强龙头企业负责人培训，培养一大批农业产业化发展急需的经营管理人才。制定和完善大中专院校毕业生到农村务农的政策措施，鼓励吸引毕业生兴办家庭农场和农民合作社。

（六）探索创新组织经营模式

第一，着力提高农业生产经营组织化程度。要高度重视农民合作社的规范发展，按照服务农民、进退自由、权利平等、管理民主的要求，扶持农民合作社加快发展，使之成为引领农民参与国内外市场竞争的现代农业经营组织。

第二，建立新型农业经营主体利益联结机制。推动龙头企业与专业合作社深度融合，推广“龙头企业+专业合作社（专业协会、集体经济组织）+家庭农场（专业大户）”的组织带动模式，鼓励农民以承包土地入股合作社或龙头企业，鼓励龙头企业开展利润返还、股份分红等多种方式，带动农民增加收入。鼓励发展混合所有制农业产业化龙头企业，推动集群发展，密切与农户、农民合作社的利益联结关系。

第二章　新型农业经营主体带头人

第一节　带头人与新型农业经营主体的关系

带头人普遍具有思想活沃、与时俱进、经营管理能力较强等特点，并有一定经济实力、技术支撑、产业发展基础，以及相对稳定的销售渠道和互联网销售基础。充分发挥他们的资源优势、产业优势、科技优势、市场优势，可以起到较好的带动和帮扶作用。

第二节　新型农业经营主体带头人的经营理念

并不是每一个人都能成为这样的带头人，要具有良好的经营理念，必须要做好以下几项修炼。

一、有大格局

所谓大格局，就是做人豁达，处理问题有一定高度，不局限于自己团体的利益，而是着眼于整个公司的利益；不计较个人恩怨，不计较小问题，不患得患失，有气度。作为带头人，如果总是唯唯诺诺或出尔反尔，本身就是一种不成熟的表现；不能总是在自己的小圈子里打转。

二、有大胸怀

所谓大胸怀，表现之一就是多关心别人。很多带头人都有一种居高自傲的心态，自以为很了不起，是所带团队的头，因此喜欢让人奉承，动不动就支使别人、教训别人，甚至粗口辱骂下属，而且认为这是天经地义的。这样的人其实根本不适合当带头人，因为他并不懂“水能载舟，亦能覆舟”的道理。

表现之二是真心对待别人。对别人一定要真心，要像对待自己的兄弟姐妹一样。你付出真心，回报你的一定也是真心；如果你付出的不是真心，你得到的回报也绝不会是真心。“人心换人心”，这是一个很简单的道理。真心对待每一位员工，才会得到员工对企业的绝对忠诚。

表现之三是信任别人。很多带头人喜欢大包大揽，还有很多带头人对别人的能力表示怀疑，这样的团队业绩始终不会突出，因为不信任，会导致集体作战的能力变弱，其前进的脚步就会相应变慢。所以，信任别人，其实就是信任团队；不信任别人，就是不信任团队。

三、有个人气场

有这样一个事例，有一位店长调往另一个店，有许多下属跟着他去。为什么呢？这就是他所建立起来的气场，或者说，这是他在下属心目中的一种威望。这种威望不是靠权力，也不是靠地位，而是靠个人魅力。这种魅力表现在以下 3 个方面。

首先，不戴有色眼镜看下属。很多带头人由于长期处于领导地位，会对下属的能力、进步变得漠不关心或熟视无睹，总是以老眼光看待下属。即使下属取得了明显的进步，也在潜意识里把他列入老行列，在工资待遇、评优等方面不予考虑，这样会极大地伤害下属的积极性。同时，也极大地损害了自己在下属心目中的威望。

其次，关心下属的职业生涯规划。你的每一个下属，都是一个活生生的人，他们都希望得到更好的待遇、更好的发展，过上更好的生活。聪明的领导会考虑下属的职业晋升规划，会替下属规划好其职业前景，该提升的时候会适时提升，永远让下属充满希望。相反，如果你的下属能力得不到认可，业绩得不到认可，前景一片黯淡，他还会继续为你工作吗？

最后，建立和谐的文化。员工的生活层面与带头人的生活层面肯定是不同的。对应马斯洛的需求层次论，大部分的员工都比带头人的需求层次至少要低一个级别，因此，不要总是站在自己的角度考虑问题，而要站在下属的角度考虑问题，切实为他们解决一些实际困难。在“小肥羊”企业中，就有许多这样的带头人：他们会主动自掏腰包为下属解决一些个人困难，会利用自己的资源为下属解决个人问题，会关心下属的发展，为其谋求更大的发展空间。

带头人好与坏的评价，最直观的表现就是下属是否安心工作，而且充满激情。如果下属纷纷弃你而去，那不仅是对你的背叛，还说明你需要深刻反思，是否做到了上述几点。

当然，反思的时候最好静下心来，因为人是很难发现或者说很难承认自己的不足的，即使有些缺点是显而易见的。

四、有责任心和精益求精的精神

何谓责任？众说不一，简言之，就是做好自己分内的事情。看似简单的“责任”二字，其实是一个完整的体系，包含着责任意识、责任能力、责任行为、责任制度、责任成果等多重内涵。怎样才能让职工切实负起责任来？笔者认为，应从培养职工的责任意识出发，通过多项措施和方法使职工将“为企业创效”作为开展工作的重心和牵引，促进职工真正“想干事”“会干事”“干成事”。

——强化责任意识，使职工“想干事”。效益是企业的生命，效益也是职工利益的源泉。职工只有真正理解了企业的效益发展和个人的前途命运息息相关，才会以强烈的责任感和饱满的工作热情主动负责任地做好每件事、每项工作。为此，企业应在此方面做好教育引导，一是加强平台意识教育，使职工认识到岗位是事业的平台，进而树立责任意识，把工作当作事业干，并最终在这个平台上有所成就。二是加强尊严意识教育，让职工认识到只有树立责任意识，在自己的工作岗位上为企业创造了效益，个人与企业才更有尊严。三是加强家园意识教育，让职工认识到企业是职工共同的家园，只有每一名职工都负起责任，让企业创造效益，才会使家园里的每一个人更有安全感和优越感。

——确定责任目标，使职工“会干事”。做任何事情如果没有目标，就会失去方向，失去动力，就不可能有好的方法，更不可能取得好的效果。因此，企业必须要将责任逐级分解，实施责任目标管理，按照“五确认，一兑现”的方法确定相应的目标和指标，逐级落实责任，层层传递压力，形成“凡事有人负责、凡事有人监督、凡事有章可循、凡事有据可查”的闭环管理。

——优化责任环境，使职工“干成事”。当一个原本责任心不强的人走进一个文明、勤奋、严谨、负责的群体，其个人行为必然会有所收敛，心灵必然会被感化。人的成长无疑与他周围的环境有着密切的关系，所以，企业要不断优化责任环境，使职工在良好的氛围中得到责任的熏陶，进而达到预期效果。在这方面，一是要建立健全科学合理、可操作性强的管理制度、办法、工作流程等，使管理秩序和生产秩序井然有序，管理行为和作业行为得以规范，形成人人心中有“令行禁止”的制度约束。二是监督和考核机制不流于形式，通过政务公开、督察督办、效能监察、月度考核等多种方法，使职工在严格遵守和执行上做到持之以恒。三是企业中心和重点工作，要实现党政工团齐抓共管，协调统一。四是领导干部要以身作则，大力提倡“严、细、实”的工作作风，坚决反对心浮气躁、务虚不务实的现象。

五、精细管理

精细管理不是烦琐管理，复杂管理，不是“只见树木不见林”，更不是“眉毛胡子一把抓”，同时精细管理也不在于简单的关注细节，片面的注重量化，而是应从系统的角度出发，抓住那些给企业真正带来效益的关键环节。

——抓好执行环节。企业有一套完整的管理制度，但如果执行过程中出现较多随意的成分，存在“差不多”“还凑合”

等思想，最终的效果就会大打折扣。所以，务必要抓好执行环节，一是提高对执行者的要求，通过绩效考核等手段使其在执行中达到平均线，锁定标杆线，争创创新线；二是强化执行者的精细管理意识；三是建立制度体系对执行予以规范。

——精细见于数据。精细管理的最重要体现就是数据化，数据“看得见、摸得着、说得出”，最有说服力，实现企业的精细管理，就需要对各项业务用数据明确目标，确定工作计划，保证执行得精确。做到这一点：一是要完善各类数据的收集和积累，形成参照物；二是要将工作计划依照基础数据量化为具体的数字和程序；三是要按照“五确认，一兑现”不折不扣地落实。

——把小事做细，把细事做透。在工作中，没有一件事情不值得去做，也没有一个细节细到应该被忽略。这应该成为企业和职工日常工作的原则，只有脑海里有这样的思想，我们才能时刻提醒自己，始终让自己处于正确的路线上。另外，只有每个人都安心本职工作，做好每个细节，做好每件小事，养成认真做事、踏实做事的职业态度和职业习惯，才能将我们的工作做得更好。

通过责任培养和精细管理，可以使我们的干部职工更加充分认知自己所扮演的角色和应担负的重任，从而以精益求精的严谨态度，高标准高要求约束自己，细化管理，落实责任，精心工作，扎实做好每一项工作，进而推进企业持续、安全、健康、稳定和高效发展。

第三节　新型农业经营主体带头人的基本素质

一、新型农业经营主体带头人的基本素质

（1）有良好的职业道德，遵守职业规范和要求，高度的敬业精神和责任感。

（2）有很强的个人魅力，为人忠诚正直，重承诺、守信用，

处事公正，具有宽广的胸襟。

(3) 有良好的心理素质，自信，不怕挫折失败，百折不挠，勇于承担责任。

(4) 有现代农业发展理念和互联网农业的职业习惯。

二、新型农业经营主体带头人的个人能力

(一) 思考力

新型农业经营主体带头人要勤于思考，要会思考。

有三件事要经常想，还要想明白。一是思考老板想要什么样的结果，老板的目标与现实有多远。二是思考产品的优势和劣势在哪里？优势怎样放大，劣势如何避免。三是思考客户想要什么，想办法让客户接受“价廉永远不会物美”的现实，想办法让“羊毛出在猪身上，兔子埋单”。

思考的最大好处就是事前准备充足。

(二) 组织策划能力

教练的职责是训练、组织和调度球员比赛，而不是自己下场参赛。职业经理人每天要做的事是组织人力、物力和财力去完成某项任务，怎么组织才有效，需要精心策划。紧接着就是指挥别人具体执行，自己不需要去做具体的事务性工作。记住职业经理人是教练而不是球员。

(三) 沟通协调能力

新型农业经营主体带头人经常要与四类人沟通：一是与客户和外部关系的沟通；二是和老板或股东的沟通；三是和同僚的沟通；四是和下属的沟通。

注意，沟通必须有成效！不能留死角。

很多时候事情的方方面面会不断出现矛盾冲突，不是因为你能力不济，吩咐不到，而是缺乏沟通。任何工作只要沟通到位，没有什么解决不了的问题。善于沟通、有效沟通，可以事先化解矛盾，有利于调动千军万马。

（四）洞察力和判断分析能力

要有敏锐的洞察力，不放过任何问题。薄弱环节和容易被人忽视的地方最有可能出大事。

新型农业经营主体带头人要能准确判断农业生产或经营中的漏洞和弱点，碰到任何问题能在第一时间发现，能合理分析，并能提出改善方案。

（五）执行力

新型农业经营主体带头人要贯彻既定策略、方针，要向下属做解释工作并负责组织、安排、指导、检查、考核，如果工作不能落实下去，一切都是空谈；落实了不能最终实现，一切都是白做。

执行力是从上到下层层落实的衡量尺度，必须不折不扣。

（六）驾驭人的能力

社会分工越来越细，一个人能力再强也不可能独立完成所有工作。如果事事都身体力行，就不适合做新型农业经营主体带头人。分工协作就必须要选拔人使用人，用人不当往往会事倍功半。诸葛亮错用马谡，导致街亭失守；赵王误用只会纸上谈兵的赵括，导致长平之战大败。农业生产选错技术员，必然导致劣质产品。

（七）善于处理危机或突发性事件的能力

这种能力是体现你与众不同的地方。大部分工作，你能完成别人也能完成，你有什么突出的呢？只有在碰到突发事件、危机事件时，能够综合运用各种能力，依靠丰富的专业工作经验、敏锐的洞察力，判断分析能力，创造性的思维、良好的心理素质、成熟的公关能力等，运筹帷幄，从容应对，化解危机，这才是农业经营主体带头人应具备的杰出能力。

（八）亲和力凝聚力

如果只是靠你的地位，凭借手中的权力强制下属执行命令，完成工作，下属会视你如恶人，你即使取得了暂时的成功，也不会获得长久的支持，因为这不是你的能力，而是你所处的位置、所掌握的权力的功劳。一个好的领导者应有亲和力、凝聚力，吸引别人愿意和你一起奋斗，不需要去强制别人。史玉柱因事业失败在离开巨人集团前，有几个月员工工资都发不出来，但他的核心团队没有一个人离开，而是与他一起重新开创事业，使得企业得以东山再起。这正是带头人史玉柱所具有的亲和力、凝聚力的体现。

（九）时间管理能力

新型农业经营主体带头人每天忙得焦头烂额、乱作一团不是一件好事，一则说明他的组织计划工作不足，二则没有把下属发动起来，三则乱忙、白忙、效率低下，四则对自己和团队不负责任。诸葛亮事无巨细，亲力亲为，面面俱到，结果累死了。老黄牛式的吃苦耐劳兢兢业业的人我们需要，但是他们只适合做一项具体的工作，不适于做一个带领团队负责全面工作的经理人。

新型农业经营主体带头人每天要面对各方面的问题，如果不能合理安排自己的工作，有效管理自己的时间，他恐怕连吃饭睡觉的时间都没有，事没做好自己先垮了。具备时间管理能力可以把经理人从琐碎的工作中解放出来，去抓重要的工作，把其余工作交给相应的岗位去处理。经理人只要抓住牵一发而动全身的关键，这样才能举重若轻，处理好所有工作，这叫“轻功”。

（十）妥善处理生活与事业的能力

为了事业牺牲家庭和爱情，不是最好的状态。在某一阶段顾大家舍小家是可以的，在特定时期当个工作狂是必需的，但这不应该影响完美的生活。如果安排得当，基本可以避免生活和事业的矛盾。古人讲：修身齐家治国平天下。齐家是排在治国（做事业）之前的，如果连一个人（爱情）一个小家（家庭亲属关系）的事情都不能“齐”，又怎么能处理好成百上千人这个大“家”的事情呢？一屋不能扫，何以扫天下？

（十一）果敢的决策力

工作推进中遇到问题怎么解决？不同的问题有不同的解决办法，这需要职业经理人决断。冷处理还是热处理要因事因人而定，速办还是缓办要讲效果，也要讲效率。

无论采取何种策略，都要果敢决策，不可优柔寡断。

第四节 新型农业经营主体带头人的作用

依靠新型农业经营主体带头人，可较好解决贫困农户在参与农业产业发展中碰到的一系列问题。例如过去一些地区依托扶贫资金，免费给贫困户发放种苗，但由于农户没有种植和养殖技术，致使产量不高，效益低下。解决这一问题，新型农业经营主体就大有可为：产前，提供优良种苗；产中，以标准化、规范化、常态化方式做好贫困户的技术培训和上门技术指导的工作，推出技术示范样板；产后，帮助贫困户广开销售渠道，增强其脱贫致富信心。

依靠新型农业经营主体带头人，有利于创新产业精准扶贫模式。互联网时代，距离不是问题，产品才是关键。贫困地区独特的自然生态环境是最大的资源优势，可扬长避短，大力发展生态种养、种养平衡、循环农业。近年来，在长沙，一些省级贫困村依托新型农业经营主体，开展“水稻+稻田生态高效种养”、林下养鸡、果园养鸡等，效益都很不错。通过推广种养平衡，完全可以实现我国提出化肥农药零增长目标；把种植、养殖结合在一起，既符合生态农业、循环农业发展的方向，也有利于贫困地区利用资源，实现生态增值、脱贫致富。比如开展“水稻+鱼虾菜果”立体生态种养，充分利用了稻田、水体和田埂三个空间，美化了生态环境，增加了经济效益。这对耕地面积相对较少、土地资源十分有限的贫困地区来说，是最现实也最容易实现的生态农业模式之一。

基于新型农业经营主体在产业精准扶贫中具有“帮贫带富”的特殊意义，一方面，要按照“规模化、专业化、标准化”发展思路和“有理想、有情怀、有抱负、懂技术、会经营、善管理、有效益”要求，培育壮大贫困地区新型农业经营主体带头人队伍；另一方面，要支持新型农业经营主体以“公司+农户”“合作社+大户”“家庭农场+贫困户”等多种方式建设标准化、规范化农业产业化示范基地，既可使龙头企业获得优质农产品原料，又可提高贫困户生产水平。要推动新型农业经营主体与农户建立紧密型利益联结机制，采取保底收购、股份分红、利润返还等方式，让农户更多分享加工销售收益，切实提高其在产业精准扶贫中的引领带动能力。要鼓励建设涵盖良种示范、农机作业、抗旱排涝、统防统治、农资配送、产品销售等服务的多元化、多类型农民专业合作社，发挥贫困地区农民合作组织的统领作用。

在培育新型农业经营主体带头人的同时，要着力抓好贫困地区新型职业农民培育和跟踪服务，实现培育目标精准、培育机制长效。要通过农业职业教育和培训，提高新型农业经营主体带头人的生产技能和经营管理水平；围绕产业精准扶贫项目，对建档立卡贫困户开展有针对性的种养、加工等方面的技术培训。培训内容要对接产业发展和岗位要求，实行专题化、系统化培训，有效提高贫困农民的职业技能水平，确保培育对象“学得到、带得走、用得上、脱得贫、致得富”。要围绕补齐经营管理和市场营销等传统农民培训中的短板，通过精心培育、长效管理、大力扶持，让新型职业农民真正成为全省发展现代农业、推进产业精准扶贫的主力军和生力军。

第三章　专业大户

第一节　专业大户的内涵和标准

一、专业大户的概念

专业大户，是指在种植、养殖生产规模上明显大于传统分散经营农户，具有较强的经营管理能力，承包的土地达到一定规模，具有一定专业化水平，以市场需求为导向的从事专业化生产的农户。专业大户以家庭劳动力和基本的农业生产工具为主，利用社会化服务进行运营。专业大户的经济利益与其经营状况直接关联，克服了经营规模太小的弱点，同时保留了家庭经营的优点，能够充分发挥农民的生产积极性。

二、专业大户的标准

（一）粮棉油种植大户

规模标准，经营耕地面积 100 亩* 及以上。生产标准。耕种收全部实现机械化，标准化生产和高产栽培技术应用面积、作物优种率均达到 100%以上，有仓储设备设施，商品粮率 85%以上。质量安全标准。使用有机肥等生物质肥料，无公害、绿色、有机生产面积占播种面积 80%以上，农产品质量符合国家质量标准。

（二）蔬菜种植（食用菌栽培）大户

规模标准，露地蔬菜集中成片经营面积 50 亩以上，设施棚室蔬菜集中成片经营 30 亩以上，食用菌年栽培规模 10 000~

---

* 1 亩≈667 平方米，1 公顷=15 亩。全书同

50 000 袋。质量安全标准，按照无公害、绿色、有机生产技术规程实行标准化生产，产地环境检测合格，产品符合无公害、绿色或有机食品要求。

（三）畜牧业养殖大户

规模标准。生猪常年存栏 1 000 头以上，奶牛存栏 300 头以上，蛋鸡存栏 1 万只以上，肉鸡年出栏 5 万只以上，肉牛年出栏 500 头以上，肉羊年出栏 500 只以上。生产标准。取得《动物防疫条件合格证》《畜禽养殖代码》，在县（市）区畜牧兽医行政主管部门备案，按照有关要求建立规范的养殖档案。质量安全标准。场区有污染治理措施，完成农牧、环保的节能减排改造。

（四）水产养殖大户

规模标准。建成池塘养殖面积 60 亩以上；温棚、工厂化车间等养殖设施面积 3 000 平方米以上；海水标准化深水网箱养殖 200 箱或 3 000 平方米以上；其他养殖方式水产品年产量 200 吨以上。生产标准。持有《水域滩涂养殖证》，工厂化养殖场同时有《土地使用证》或《土地租赁合同》；全程无使用禁用药品行为；生产操作规范化，有水产养殖生产、用药和水产品销售记录；名特优养殖品种率 70%以上。

（五）农机大户

拥有 80 千瓦以上大中型动力机械和配套机具，固定资产总值 20 万元以上，从事农机作业社会化服务，年农机服务纯收入 5 万元以上，农机服务纯收入占家庭年纯收入 50%以上；农业机械科技含量高、能耗低。

（六）造林大户

规模标准。山区造林面积不少于 600 亩，平原造林面积不少于 400 亩。工程造林苗木栽培面积不少于 200 亩，园林绿化苗木栽培面积不少于 100 亩，设施花卉栽培净面积不少于 7 000 平方米。

(七) 果品大户

规模标准。水果栽培面积不少于 50 亩，干果栽培面积不少于 100 亩，设施果品栽培净面积不少于 7 000 平方米。栽培管理标准。按照无公害、绿色或有机果品生产方式组织生产。

三、发展专业大户的现实意义

专业大户是从传统农户中脱颖而出的新型农业经营主体，是一种重要的，推进现代农业发展的农业经营主体，能够充分进入市场，其精力主要投入农业生产中，拥有比传统农户更强的资金和技术实力，相比之下更有文化、懂技术、会经营，有一定的市场意识、共赢意识和合作意识。

专业大户能够影响农业结构的优化调整。专业大户从事面向市场的商品化、专业化、规模化农产品商品生产，具有企业家精神；同时可以吸收碎化土地，加快农村土地流转。

专业大户能够优化耕地资源的配置效率，有效解决耕地抛荒和半抛荒的状态。专业大户流转土地的方式和期限相对更加灵活，规模一般有限，能够较好地适应当前农民人多地少和农民非农就业不稳定的实际状况。专业大户流转土地后也都种植农作物，不会影响粮食安全，而且在一定程度上实现了农业的机械化、科技化和专业化。

第二节　种植大户的生产管理

种植业生产管理是专业大户生产管理重要内容之一。

一、种植业生产结构优化

种植业是指除林果业以外的以人工栽培的植物生产，包括粮食作物、经济作物、饲料作物、绿肥作物、蔬菜、花卉等农作物的种植生产。种植业是专业大户的基本生产类型之一。它不仅是农业的主要生产部门，而且为其他部门提供基本原料和生产资料。因此，种植业生产的组织管理是专业大户的基本管理活动。

（一）农作物种植制度

农作物种植制度是规范化的农业技术措施体系。具体包括轮作制以及与之相适应的土壤耕作制、良种繁育制、施肥制、灌溉排水制、植物保护制等。一个合理的农作物种植制度，应能合理利用当地自然资源，充分发挥劳动力和生产工具的作用，在获得农作物稳产、高产的同时，不断提高土壤肥力，保持农业生态平衡，促进农、林、牧、副、渔全面发展，提高劳动生产率。因此，它是农业生产上带有全局性、长远性的总体部署。

1. 轮作制度

轮作是指按照自然规律和经济规律，将几种农作物在一定土地面积内进行时间上、空间上的合理安排，构成一个有机整体。

2. 良种繁育制度

良种是指在一定条件下，其性能显著优于现有品种的农作物种子。良种繁育制度，是指为培育、生产、推广、经营农作物良种而建立的一整套工作制度。采用良种生产，是一项十分经济有效的增产技术，一般可增产 10%左右，高的可达20%~30%。良种繁育制度包括品种选育、品种审定、品种规划、良种繁殖、种子检验、区域试验、良种推广和种子经营调剂等工作。

3. 土壤耕作制度

土壤耕作制度是为农作物生长发育创造适宜的土壤环境而建立的耕、耙、压等一系列耕作措施的制度。

4. 施肥制度

施肥制度是为供给农作物养分和恢复、提高土壤肥力而建立的关于积肥、造肥、种肥、保肥、运肥和施肥等一整套制度。

5. 灌溉排水制度

灌溉排水制度是在一定气候、土壤、水文、土质等自然条件和农业技术条件下，为调节农田水分状况、获得农作物高产而进行的合理的灌溉排水的制度。

6. 植物保护制度

植物保护制度是规范化地防止病虫侵袭，保护农作物正常生长的一系列措施的总称。要做好植物保护工作，必须掌握农作物病虫害的发生、消长、扩散和传播的规律，采取农业的、生物的、化学的、物理的多种防治手段，有效地把病虫对农作物的为害控制在允许的范围之内。植保工作的方针是预防为主，综合防治。

（二）种植业生产结构优化方法

种植业生产结构是指在一定区域内各种作物种植面积占总种植面积的百分比，用以反映各种作物的主次地位、生产规模。研究种植业生产结构，要解决粮食作物、经济作物、饲料作物与其他作物之间的比例关系；粮食作物中要研究粗粮作物与细粮作物、夏粮与秋粮之间的比例关系；在经济作物中要研究油料作物、纤维作物、糖料作物之间的比例关系等。

市场竞争日益激烈，种植业生产要满足社会多样化、高级化的需求，必须要进行结构调整优化。建立合理的生产结构，必须遵循以下原则：市场导向原则、主辅结合原则、用地与养地结合的原则、产业互补原则等。

二、种植业生产计划

生产计划是生产活动的行动纲领，是组织管理的依据。种植业生产计划就是将年内种植的各种作物所需要的各种生产要素进行综合平衡，统筹安排，以保证专业大户计划目标的落实。

（一）种植业生产计划的内容

种植业生产计划，是种植业生产的空间布局和时间组合的安排，是种植业生产管理的重要一环。

1. 种植业生产计划分类

（1）按时间长短分。长期计划、年度计划、阶段作业计划。

（2）按内容分。耕地利用计划、作物种植计划、作物产量计划、农业技术措施计划等。

（3）按作用分。基本生产计划、辅助生产计划、技术措施计划等。

2. 种植业生产计划的内容

种植业生产计划主要有耕地发展和利用计划、农作物产品产量计划、农业技术措施计划、农业机械化作业计划等。

（1）耕地发展和利用计划。主要反映计划年度耕地的增减变动及其利用状况，见表3-1。

表3-1　××××年专业大户耕地利用计划

单位：亩

项目	上年实际	本年计划
一、年初实有耕地面积		
二、年内计划增加耕地面积		
1. 计划开荒面积		
2. 调入耕地		
3. 其他形式增加		
三、年内计划减少耕地面积		
1. 各种建设占用耕地		
2. 造林（退耕还林草）占地		
3. 调出耕地		
4. 其他形式占地		
四、年末计划达到耕地面积		
1. 水田		
2. 旱地		
其中，水浇地		
五、本年度计划耕地面积		
六、年内未利用耕地面积		
其中，休闲地		

为反映耕地利用情况，可借助以下指标进行分析。

①垦殖率。该指标反映可垦土地的利用程度。

$$垦殖率（\%）=\frac{耕地面积}{可垦未耕土地面积+耕地面积}\times 100$$

②耕地种植率。该指标反映对现有耕地的利用程度。

$$耕地种植率（\%）=\frac{本年实际种植的耕地面积}{全部耕地面积}\times 100$$

③复种率（复种指数）。该指标反映年内现有耕地的利用强度。根据计算口径又可分为全部耕地和年内实际种植地的复种率。

$$全部耕地复种指数（\%）=\frac{实际播种面积}{全部耕地耕种面积}\times 100$$

$$实际种植耕地复种指数（\%）=\frac{实际播种面积}{当年实际耕种的面积}\times 100$$

④反映耕地生产能力的指标。

$$稳产高产田比重（\%）=\frac{稳产、高产田面积}{全部耕地面积}\times 100$$

⑤反映耕地利用效果的指标。

$$耕地产出率（\%）=\frac{种植业总产量（总产值、净产值、利润或纯收入）}{可垦未耕土地面积+耕地面积}\times 100$$

（2）农作物生产计划。反映计划年度各种作物和播种面积、亩产量、总产量计划数，见表3-2。

表3-2　××××年农作物生产计划

单位：亩、千克、吨

作物名称	播种面积		亩产量		总产量	
	上年实际	本年计划	上年实际	本年计划	上年实际	本年计划
粮食作物：						
1. 水稻						
2. 小麦						
……						

（续表）

作物名称	播种面积		亩产量		总产量	
	上年实际	本年计划	上年实际	本年计划	上年实际	本年计划
经济作物： 1. 橡胶 2. 茶叶 ……						
其他作物： 1. 瓜菜 2. 饲料 ……						

（3）农业技术措施计划。主要包括土壤改良及整地计划、农田基本建设计划、种子计划、播种施肥计划、化学灭草及植保计划、田间作业计划、灌溉计划等。现介绍几种主要技术措施计划。

①灌溉计划。编制灌溉计划，是根据农作物的种植计划、生育期灌溉水定额、水资源供给量、降水及土壤墒情等，进行综合平衡。具体做法：首先根据各作物的播种面积和常年在各生育期的灌水定额（作物实际需水与天然补水量的差额），计算各月（天）的需水总量；然后再与水源可供量（地表与地下提水量）进行平衡。

②播种计划。播种计划是对作物播种面积、播种量、播种时间、播种顺序、播种方法、质量要求、种子处理、种肥施用等的计划安排，见表3-3。

表3-3　××××年春播种作物计划

作物	播种面积（亩）	播种时间（×月×日至×月×日）	种子名称	田播种量（千克）	种肥		总播种量（吨）	播种方式	质量要求
					名称	亩用量（千克）			

③施肥计划。主要根据作物的需肥种类和数量、土壤肥力状况，来确定需人工补充投肥的种类和数量，以保持土壤肥力的永续性。其计划指标有：施肥面积、施肥种类、施肥量、施肥方法、施肥时间等，见表3-4。

表3-4　××××年农作物施肥计划

单位：亩、千克

作物	施肥种类	施肥面积	亩施用量	总施用量	施肥方法	施肥时间
橡胶	基肥 种肥 追肥					
咖啡	基肥 种肥 追肥					
……						

（二）种植业生产计划的制订方法

常用的种植业生产计划的编制方法是：综合平衡法、定额法、系数法、动态指数法、线性规划法等。现将综合平衡法介绍如下。

综合平衡法是编制计划的基本方法。种植业生产涉及各种作物的合理搭配，以及生产任务与生产要素的平衡；计算各种生产要素可供应量与生产任务的需要量，主要是通过比较，找出余缺，进行调整，实现平衡。

1. 种植业生产的平衡关系

（1）生产供应与市场需求的平衡。

（2）生产要素的平衡。

（3）土壤肥力的平衡。

（4）生产项目之间的平衡。

2. 种植业生产的平衡方法

采用综合平衡法，是通过编制平衡表来进行。综合平衡表的内容主要有“需要量”“供应量”“余缺”3 个项目。如物资平衡表，是以实物形态反映物质产品的生产与其需要之间的关系，见表3–5。

表 3–5　主要物资平衡表

项目 \ 要素	种子	化肥	劳动力	……
一、需要量				
1. 橡胶				
2. 咖啡				
……				
二、可供量				
1. 期初结余				
2. 本期购入				
……				
三、余缺				

三、种植业生产过程组织

农作物生产过程，是由许多相互联系的劳动过程和自然过程相结合而成的。劳动过程是人们的劳作过程；自然过程是指借助于自然力的作用过程。种植业生产过程，从时序上包括耕、播、田管、收获等过程；从空间上包括田间布局、结构搭配、轮作制度、灌溉及施肥组织等过程。各种作物的生物学特性不同，其生产过程的作业时间、作业内容和作业技术方法均有差别。因而，需要根据各种作物的作业过程特点，采取相应的措施和方法，合理地组织生产过程。

（一）种植业生产过程组织的要求

1. 时效性原则

农作物生产具有鲜明的季节性，什么时候进行什么作业，都有严格的时间要求。该种不种或该收不收，就会延误农时，降低产量。因此，一定要按照生产计划组织生产，按时完成各项作业任务，提高劳动的时效性。

2. 比例性原则

不同的农作物，其生产周期不尽一致，有的属于夏收作物，有的是秋收作物；同一种农作物的不同品种，也有早熟和晚熟之区别。不同的作物按比例进行配合，既有利于生产要素的合理使用，又有利于缓和资源使用的季节性矛盾。

3. 标准化原则

标准化原则主要是指每项农作物都要制定规范的作业标准，严格按作业标准进行田间操作。只有这样，才能提高工效，保证作业质量，增加产量。

4. 安全性原则

安全性原则主要指农业生产要注意保护劳动者、劳动资料的安全以及资源的可持续利用。随着农业现代化、工厂化的发展，由于使用化学农药、农业机器等，容易发生农药中毒、机电伤亡事故，影响人和畜禽的安全；由于化肥、农药使用不当，导致土壤团粒结构的破坏，严重的则造成绝收。安全问题日益突出。

5. 制度化原则

制度化原则是指生产过程的组织需要有相应的制度保证。具体来说，生产作业内容方面有作物轮作制、施肥制、灌溉制、病虫害防治制度等；作业时间方面有作业日历制等；生产职责方面有岗位责任制、作业责任制、承包责任制等。

（二）种植业生产的时间组合

种植业生产的时间组合，也称轮作种植。它是指在同一空间地段上，不同时间作物的轮流种植，以充分利用土地的生产时间，增加光能利用率，提高土地的生产效能。

作物轮种，是一种技术经济措施。作物轮种的种类、品种和时间，首先要符合作物的生物学特性，具有技术的可行性；其次，轮种可以获得更高的投入产出率，符合经济的合理性。

种植业生产的时间组合要求。一是因地制宜。作物复种、轮作、套作，要能提高土地利用率，增加单位耕地面积的生产量。二是合理搭配，即作物轮作搭配能适应种植计划要求，能更好地满足市场需求和自给需求。三是时间协调。作物轮作能形成最好的相辅相成关系，达到时间协调，肥力互补，能提高劳动生产率和成本产值率。四是有利于多种经营。作物轮作更有利于开展多种经营，提高专业大户的总体经济效益。

种植业生产的时间组合，除上述定性分析外，还可以进行定量分析，将单项作物轮作产量与效益进行比较，以说明时间组合的有效性。

（三）种植业生产的空间布局

种植业生产的空间布局，也称地域种植安排。它是各种作物在一定面积耕地上的空间分布。由于自然、经济的原因，一个专业大户或一个生产单位的耕地质量总是会有各种各样的差别。不同地块的土壤性状，适应不同作物的生物学特性，具有不同生产效益；同类土质不同地段位置的地块，由于区位差异而引起的交通、管理的区别，也造成不同的种植效应。因此，搞好农作物布局要求：一是保证完成国家的合同订购任务，以满足市场的需求；二是保证专业大户内部生产需要（种子、饲料、加工原料）以及生活需要（劳动者口粮）；三是符合当地的自然环境（土地类型、气候）；四是作物之间茬口衔接合理，用地与养地相结合；五是尽可能集中连片，便于实行机械化和田间管理。

同时，还可借助于定量分析方法，安排种植业生产的空间布局。常用的方法有亩产量（亩效益）比法和线性规划法。

以咖啡与茶叶的种植为例，说明亩产量（亩效益）比法的应用，见表3-6。

表3-6　不同作物不同地块亩产量与亩产比

单位：千克

项目	A地	B地	C地	D地
咖啡	200	150	45	100
茶叶	40	50	70	30
咖啡、茶叶亩产比	5∶1	3∶1	0.64∶1	3.3∶1

在表3-6中，亩产量比，指某类地块作物种植的产量代替比。从各地块的产量看，A地、B地与D地以种植咖啡作物适合；从咖啡与茶叶两种作物产量比来看，C地种茶叶作物最合适；从咖啡、茶叶的价格比看，若比价为1.5∶1，则C地安排茶叶生产有利，其他地块种植咖啡更加有利。

第三节　养殖大户的生产管理

一、养殖业生产管理的特点

养殖业生产，是指所有牲畜、家禽饲养业和渔业生产，主要提供肉、蛋、奶及水产品；为轻工业提供毛、皮等原料；为外贸提供出口物。养殖业的发展对改善人们的食物构成，提高人们的生活质量具有重要的意义。

根据生产对象的饲养特点和动物性产品的消费特性，可将养殖专业大户划分为四大类型。

第一类，以牲畜为生产对象。包括养牛、马、猪、羊、兔等，这类专业大户的产品主要是肉、皮、毛、乳等。

第二类，以禽类动物为生产对象。包括养鸡、鸭、鹅、火鸡、鹌鹑等，这类专业大户的主要产品是肉、蛋、毛等。

第三类，以水中动物为生产对象。包括养鱼、虾、贝类、蟹、水生藻类、贝养珍珠等。这类专业大户的主要产品是水生动物的肉、寄生物等。

第四类，以虫类动物为生产对象。包括养蜂、蚕、蚯蚓、蝎等。这类专业大户的主要产品是虫类的蜜、丝、皮、全身等，还有重要的制药原料等。

由于养殖业包括的内容繁多，这里只以养殖畜、禽类动物的专业大户为例，介绍养殖业生产专业大户的管理及其方法。

(一) 养殖业的生产特点

1. 养殖业生产对象是有生命的动物

养殖业的自然再生产和经济再生产交织在一起的基本特点，要求专业大户不但要按自然规律组织生产活动，同时，还要求专业大户按照经济规律进行生产管理，以取得良好的经济效益和生态效益。

2. 养殖业生产的转化性

养殖业将植物能转化为动物能。饲料在生产成本中占有很大的比重，养殖业生产管理的主要任务之一是提高饲料（或饵料）转化率。

3. 养殖业生产的周期长

养殖业生产周期一般较长，在整个生产周期中要投入大量的动力和资本，只有在生产周期结束时才能获得收入，实现资本的回收。从生产时间分析，例如奶牛有高产期、低产期和干浮期，蛋鸡有产卵期和歇卵期等。因此，在生产中要求选用优良品种，采用科学饲养管理，延长生产时间，缩短生产周期，提高畜禽的产品率。

4. 养殖业生产的双重性

繁殖用的母畜、种畜、奶畜是劳动手段和生产资料，而作为肉畜，肉禽则又是劳动产品和消费资料。养殖业生产既要满足社会对生活消费品的需要，又要保证专业大户自身再生产的需要，因而具有双重性特点。

5. 养殖业生产的可移动性

畜禽可以进行密集饲养、异地育肥。这样，可以克服环境等因素的不利影响，创造适合于养殖业生产的良好的外部环境，以保证养殖业生产过程的顺利进行。

（二）养殖业的生产任务

养殖业生产任务是根据市场需要，结合资源环境和经济技术条件，确定合理的生产结构；采用科学的养殖方式，发展家畜、家禽、水产品养殖与培育，生产更多更好的畜禽及水产品，以满足社会的多样化需求。

1. 确定生产结构

养殖专业大户应根据国家经济发展战略目标、市场需求状况和专业大户自身的资源条件，坚持“以一业（一品）为主，多种经营”的经营方针，因地制宜地确定畜禽生产结构。有丰富的饲草资源的地区，可以多发展牛、羊等食草畜，适当发展生猪和家禽；在广大农区，以养猪、鸡等家禽为主，有条件的可兼养牛、羊等，以充分利用农业精饲料和秸秆粗饲料等多种资源，降低生产成本。

2. 建立饲料基地

饲料是养殖业发展的物质基础。发展养殖业，提高畜禽产品和质量，其基本条件是建立相对稳定的饲料基地，保证畜禽正常的生长发育，解决“吃饱”的问题；同时，要发展饲料加工业，生产各种配合饲料和添加剂，提高饲料质量，满足各种畜禽、鱼虾等各个生长期的多种营养需求，解决“吃好”的问题。

3. 提供优质产品

动物品种的优劣，关系到植物饲料的转化率和产品的生产率。因此，养殖业生产的重要任务之一，就是要不断引进和培育优良品种，实施标准化生产，提高畜禽产品和水产品的内在品质，为社会提供更多的优质产品。

（三）养殖业的生产组织与管理

1. 饲料组织与利用

饲料的种类、数量、质量对养殖业发展有直接的制约作用。

（1）广开饲料来源。一是充分利用饲料基地的资源供给；二是合理利用天然饲料资源，以利于就地取材，提供部分饲料，降低饲料成本。

（2）做好饲料供需平衡。饲料的数量和质量，决定养殖业的种类和规模，因此，要做好饲料供需平衡工作。既要科学地预测各种饲料的需求量，又要积极组织饲料来源，在挖掘饲料潜力基础上，做好饲料供需平衡工作。具体方法，可通过编制平衡表来实现饲料供需的计划性。

（3）合理利用饲料资源。饲料是养殖生产的主要原料，饲料组合方式和饲料投入量，对畜禽、鱼虾的生长、发育及其产品形成有着密切的关系。在畜禽、鱼虾生长发育过程中，不同种类、品种，以及同一品种的不同发育阶段，需要不同的营养成分。因此，养殖业生产，要改“收什么，喂什么”的传统饲养方式为“喂什么，收什么”，科学地利用、配合精饲料喂养，以利于提高料肉比。

2. 饲料管理与规范

（1）规范饲料管理制度。包括：①饲养管理标准化制度，如喂养制度、饲料供应制度、良种繁育和推广制度、防疫卫生制度等。②饲养管理责任制度，即责权利制度，包括岗位责任制、定额计件责任制、喂养承包责任制、综合承包责任制等。

（2）重视引进和改良品种。扩大优良品种的繁育和推广，提高优良品种率，是提高畜禽产品和水产品产量和质量的关键。在引进优良品种的同时，应加强技术管理，防止品种退化，稳定产品质量。

（3）实行标准化生产运作。即按科学化管理要求，对畜禽逐步实行按性别、用途、年龄分组、分类的管理，合理确定不同组别的技术经济标准、饲料配方、饲养方法和饲养管理标准，以提高饲养生产管理水平。

（4）适度扩大饲养规模。根据生产发展水平和市场需求状况，适度扩大饲养规模，提高饲养机械化水平，逐步实施专业化养殖，以实现规模经济效益。

二、养殖业生产计划

畜禽生产，除了依靠专业饲养技术人员搞好饲养管理外，还必须依靠专业管理人员搞好生产管理。生产管理的关键是做好计划管理，包括生产计划和生产技术组织计划。下文以家畜生产计划为例进行讲解。

家畜生产计划主要包括畜群交配分挽计划、畜群周转计划、畜产品产量计划和饲料供应计划等。

（一）畜群交配分娩计划

畜群交配分娩计划，即表明在计划年度内牲畜交配、分娩的头数，它是组织畜群生产的依据之一。畜群生产可采用季节性交配分娩和陆续性交配分娩，这两种类型各有利弊。季节性交配分娩可选择最适宜季节，尽量避开严寒酷暑，保证较高的受胎率和成活率；但存在着人力、设备利用的不充分。陆续性交配分娩，是指乳畜均衡地在各个月分娩，时间分布较均匀，可全年均衡提供产品；但严寒酷暑对乳畜产仔的影响很难避开，同时也存着人力和设备投入与规模相适应的问题。编制畜群交配分娩计划，要根据市场需求规律与本场自然气候条件、生产资源状况加以确定。

以猪群交配分娩计划为例说明，要根据养猪场的年度生产任务、采用的分娩方式、现有基本母猪和检定母猪的年初头数、上一年最后四个月已交配母猪的头数和交配时间等情况进行编制，见表 3-7。

表 3-7 猪群交配分娩计划

交配					分娩						
							出生胎数			出生仔猪数		
年度	月份	基本母猪	检定母猪	合计	年度	月份	基本母猪	检定母猪	合计	基本母猪	检定母猪	合计
上年	9				本年	1						
	10					2						
	11					3						
	12					4						
本计划年	1					5						
	2					6						
	3					7						
	4					8						
	5					9						
	6					10						
	7					11						
	8					12						
	9					合计						
	10					说明						
	11											
	12											
合计												

（二）畜群周转计划

畜群在一定时期内，由于出生、成长、购入、淘汰、死亡等原因，经常发生数量上的增减变动。为掌握畜群变化规律，应根据畜群结构、交配分娩计划、淘汰计划和畜群周转关系，编制畜群周转计划。以养猪为例，编制现代化养猪场猪群周转计划，见表3-8。

表3-8 猪群周转计划

组别	计划年初数	周转月份												增加			减少			计划年末头数
		1	2	3	4	5	6	7	8	9	10	11	12	繁殖	转入	其他	出售	转出	死亡	
合计																				
种公猪																				
基本母猪																				
仔猪： 1月龄 2月龄																				
后备猪： 3月龄 4月龄 5月龄 6月龄 7月龄 8月龄 9月龄 出售育肥猪																				
淘汰育肥猪 1月 2月 3月																				
总计																				

（三）畜产品产量计划

畜产品产量计划可根据生产任务的不同，制订家畜产肉计划、产奶计划等，以家畜产肉计划为例，计划内容见表3-9。

表3-9　家畜产肉计划

产肉量 \ 月份 种类	1	2	3	4	5	6	7	8	9	10	11	12	全年
一、牛屠宰头数（头）													
平均活重（千克）													
出肉率（%）													
产肉量（千克）													
二、猪屠宰头数（头）													
平均活重（千克）													
出肉率（%）													
产肉量（千克）													

（四）饲料供应计划

饲料供应计划，是按一定时间和饲养头数来制订。饲料需要量，一般可分为按年计算和按月计算两种。按年计算饲料需要量，可根据家畜在群年平均头数的年需要量计算，详见表3-10。按月计算饲料需要量时，可根据畜群周转计划中各畜月平均头数乘上各月饲料定额来计算。

表3-10　年饲料供应计划

猪群分组	在群平均头数	1号料		2号料		普通饲料	
		定额（千克/头）	总量（千克）	定额（千克/头）	总量（千克）	定额（千克/头）	总量（千克）
种公猪							
基本母猪							
鉴定母猪							
仔猪							
后备猪							
育肥猪							
淘汰猪							
合计							

三、专业化养殖场生产管理

（一）专业化养猪场生产管理

从养猪场类型来看，可分为如下几类：第一类，包括繁殖、育肥在内的自繁、自育的猪场；第二类，只进行繁殖、销售仔猪的猪场；第三类，购买仔猪进行育肥的猪场。下面以自繁、自育的猪场为例，阐述工厂化养猪的生产管理。

1. 仔猪选留

（1）猪的生物学特性和经济类型。从生物学角度看，猪性成熟早、繁殖率高、生长速度快、饲养成本低、屠宰率高。一般情况下，猪的屠宰率是60%~75%，而牛为50%~60%，羊为40%~50%。猪的经济类型按其生产性能、肉脂品质等特点，可分为脂肪型、瘦肉型、兼用型。脂肪型的猪，其特点是脂肪多，占胴体的55%~60%，瘦肉占30%左右。瘦肉型猪也叫腌肉型猪，瘦肉占胴体的55%~60%，脂肪占30%左右。肉脂兼用型，胴体中肥瘦肉所占比例大体相等。

（2）猪的选种和育肥仔猪的选择。

①猪的选种。一是根据猪群的总体水平进行选种，如猪的体质外形、生长发育、产仔数、初生重、疫病情况等。二是根据猪的个体品质进行选种，主要从经济类型、生产性能、生长发育和体质外形等方面进行。

②育肥仔猪的选择。一是从品种方面，选择改良猪种和杂交猪种，因为它们比一般猪种生长发育快；二是从个体方面，选择体大健康、行动活泼、尾摆有力的个体。

2. 饲料利用

（1）猪饲料的选用。即根据猪饲料的特点以及猪在不同月龄、不同发育阶段的营养需要，选择适当的饲料进行饲养。小猪生长发育旺盛，但胃肠容量小，消化机能弱，可选择易消化、营养丰富且含纤维素少的高能量、高蛋白饲料。中猪消化器官已充分发育，胃肠容量较大，在这个阶段，为满足其骨骼和肌肉的生长，可以较多地喂些粗料和青饲料。催肥猪骨骼和肌肉生长已趋缓慢，脂肪沉积加强，此时，则应多喂含淀粉较多的配合饲料。

（2）饲料报酬的分析。饲料是养殖业生产的主要原材料，饲料组合和饲料投入量对畜禽生长、发育和畜产品形成均有极为密切的关系。各种畜禽生长、发育及其形成的畜产品，均有它自己特有的规律，而且其饲料转化比也不尽相同。因此，针对不同的养殖对象，研制出不同的最低成本饲料配合方案，以提高饲料边际投入，获得最大的产出效益。饲料报酬一般使用以下计算公式。

$$饲料转化率（\%）=\frac{畜产品产量（千克）}{饮料消耗量（千克）}\times 100$$

$$肉料比=\frac{饮料消耗量（千克）}{畜产品产量（千克）}$$

由于饲料和畜产品的种类很多，各种饲料的营养成分差别很大，很难直接评价其利用率的高低。因此，通常把各种畜产品产量和所消耗的饲料量换算成能量单位（焦耳），用饲料转化率指标来评价。

饲料转化率的高低反映了养殖业生产水平的高低，若饲料转化率高，则表明饲料利用充分，畜产品成本低，经济效益好，养殖业生产水平高。

3. 猪的饲养管理

仔猪饲养的基本要求是“全活全壮”，出生后一周内的仔猪，着重抓好成活。一是做好防寒保暖等护理工作；二是做好饲养工作，日粮以精饲料为主，饲料多样化。同时，要及时给母猪补饲，以免影响仔猪的成活。

育肥猪的饲养，其育肥的基本要求是：日增重快，在最短的时间内，消耗最少的饲料与人工，生产品质优良的肉产品。一般育肥方法有两种：一是阶段育肥法，即根据猪的生长规律，把整个育肥期划分成小猪、架子猪、催肥猪等几个阶段，依据“小猪长皮、中猪长骨、大猪长肉、肥猪长膘”的生长发育特点，采取不同的日粮配合。在最后催肥阶段，除加大精料量外，尽量选用青粗饲料。这种方法的优点：一是精饲料用量少，育肥时间长，一般在饲料条件差的情况下采用；二是直线育肥法，即根据各个生长发育阶段的特点和营养需要，从育肥开始到结束，始终保持较高的营养水平和增重率。此法育肥期短、周转快、增重多、经济效益好。

（二）专业化养鸡场生产管理

1. 养鸡场的种类

现代化的养鸡场已发展成为专业化、系列化、大规模的生产专业大户，根据不同的经营方向和生产任务，可分为专业化养鸡场和综合性养鸡场两种。

（1）专业化养鸡场。

①种鸡场。种鸡场的主要任务是：培养、繁殖优良鸡种，向社会提供种蛋和种雏。这类鸡场对提高养鸡业的生产水平起着重要作用。

②肉鸡场，是专门提供肉用仔鸡的商品化鸡场，为社会提供肉用鸡。

③蛋鸡场。专门饲养商品蛋鸡，向社会提供食用鸡蛋和淘汰母鸡。

（2）综合性养鸡场。综合性养鸡场集供应、生产、加工、销售于一体，生产规模大、经营项目多、集约化程度较高，形成联合专业大户体系，是商品化养鸡业发展到一定阶段的产物。这种现代化养鸡场一般设有饲料厂、祖代鸡场、父母代鸡场、孵化厂、商品鸡场、屠宰加工厂等，为社会提供种鸡、种雏、商品鸡、分割鸡肉等产品，销往国内外市场。

2. 饲养管理方式

喂饲是养鸡场最基本、最经常、最大量的生产工作。其要求：一是使鸡群得到良好的照管和喂饲，保证鸡群健康生长发育，提供大量的产品；二是节约饲料费用以及在喂饲方面的劳动消耗，不断提高饲料报酬率和劳动生产率，降低生产成本。

（1）饲养技术方式。饲养技术方式主要有平养和笼养两种。

①平养。又可分为地上平养、棚条平养、网上平养等方式。

地上平养，即在鸡舍地面上铺上垫料（锯末、沙土等），使鸡在垫料上自由活动采食。这种方式简便易行，投资少，但饲养密度低，每平方米养肉鸡 8~10 只，蛋鸡 4~6 只。

棚条平养，即在鸡舍地面上一定高度用柳条或竹竿等铺架一层漏缝地板，把鸡养在棚条上。其优点是鸡床干燥，比较卫生，能就地取材，投资成本低，这种方式一般每平方米可养肉鸡 11~15 只，蛋鸡 7~9 只。

网上平养，是以金属网代替棚条作鸡床，虽然比较耐用，但投资较大。

②笼养。鸡群笼养是现代化养鸡的主要方式，按饲养工艺可分为开放式与密封式两种。开放式笼养，是以自然光照、自然通风换气为主；密封式笼养，是建造可以人工控制环境的鸡舍，使鸡舍保持一定温湿度和光照。笼养可以提高饲养密度和单位面积养鸡量，便于集中管理，减轻劳动强度，减少鸡群感染疾病的机会，提高集约化水平。但技术要求高，投资大，具备一定条件的养鸡场才能运用。

（2）饲养管理方式。饲养方式确定后，就要进行相应的劳动管理，即合理的劳动分工和人员配备，以保证正常喂饲工作的进行。养鸡场每天的喂饲工作包括一系列操作活动，这些操作是由不同工种的工人分工协作完成的。在专业化养鸡场中，饲养人员一般按鸡舍或鸡栏编组，分管一定数量的鸡群，以保证喂饲工作正常地进行。

3. 养鸡场环境的控制

养鸡场环境，一般是对养鸡生产造成影响的多种外界因素的统称，包括养鸡场所处地域、养鸡场的设施装备、鸡舍内小气候和饲养密度等条件。

（1）场址选择。养鸡场是一座生物工厂，为保证鸡的健康生长：一是寻找空气新鲜、无病原菌污染的地方；二是有充足可靠的水源，最好是自来水或深井水；三是交通运输便利，包括陆运、空运；四是电力供应充足，要保证孵化、育雏、育成、产蛋舍的动力，以及饲养加工、抽水、照明等需求。

（2）温度控制。最适宜的温度是 18.3～23.5℃，一般在 13～29℃范围之内。高温会使蛋鸡饮水量增加、呼吸加快、体温升高、血钙含量下降，导致蛋壳变薄、鸡体重减轻、产蛋量减少、蛋的质量下降等。因此，炎热的夏季应设法降温，注意鸡舍屋顶的隔热性，加大通风量；在冬季要注意增温，晚上的喂料可以添加一些油脂，以增加热量，提高鸡的御寒能力。

（3）光照控制。产蛋鸡每天光照时间超过 11～12 小时，就能增加产蛋量，达到 14 小时后增产效果更为显著，一般规定产蛋期每天光照时间为 16 小时。但是光照的时间达到或超过 17 小时，对产蛋反而不利。光照变化的刺激作用一般在 10 天以后才能见效，所以从育成鸡光照程序改为产蛋鸡光照程序的适宜时间应在 20 周龄时开始，同时要相应改变饲料配方和增加给料量。延长光照时间通常采用三种方式：一是早晨补充光照；二是傍晚补充光照；三是早上和傍晚都补充光照。

（4）换气通风。由于鸡生长发育过程中要排泄粪便，吸入氧气，呼出二氧化碳，一般鸡舍有害气体较多，主要是氨、硫化氢和二氧化碳。因而，鸡舍的平面布置应根据饲养工艺、饲养阶段、喂料的机械化程度、清粪方式、通风设施等全盘考虑，使鸡舍有足够的新鲜空气，增加氧含量。

4. 疫病防治

在集约化生产条件下，组织严格的疫病防治是保证鸡群健康成长，获得高产、高效益的重要措施。为此，要贯彻“预防为主”的方针，严格卫生防疫制度，实行预防接种，及时扑灭疫病，为鸡的健康成长创造良好的环境。为此主要做好以下工作。

（1）加强饲养管理，搞好清洁卫生。经常保持良好的鸡舍环境，饲养人员要搞好个人卫生，保持鸡体、饲料、饮水、食具及垫料干净，及时清除粪便，非饲养人员一律不得进入鸡舍。

（2）坚持消毒制度，定期接种疫苗。消毒是杜绝一切传染病来源的重要措施，消毒可采用机械消毒、物理消毒和化学消毒等方法，实行经常性消毒、定期消毒和突击消毒相结合。为了防止疫病的发生，可以根据所在地区鸡传染病种类和毒型，结合本场具体情况，制定免疫程序，定期进行各种疫苗的预防接种。

（3）尽量发现疫情，及时扑灭疫病。鸡场一旦发生传染病或疑似传染病时，必须遵循“早、快、严”的原则，及时诊断，尽快扑灭，对病鸡实行严格隔离，对健康的鸡要进行疫苗接种和疾病防治，对病重的鸡要坚决淘汰，死鸡的尸体、粪便及垫料等运往指定地点焚烧或深埋。

5. 养鸡生产的周转

养鸡生产经过一个生产周期进入另一个生产周期，这种转换称为生产周转。其方式一般有两种。

（1）“全进—全出”制方式。即指一个鸡场饲养同日龄的鸡群，一起进场，在生产期满后一起出场。这种周转方式，一是可以最大限度地利用鸡的最佳生长时期，获得高产、高效益。二是可以组织严格的防疫。这种方式能最大限度地消灭场内的病原体，避免各种传染病的循环感染，也能使免疫接种的鸡群获得一致的免疫力。肉鸡生产多数采用这种周转制度。

（2）再利用方式。再利用方式是蛋鸡特有的周转方式，即在蛋鸡产蛋 1 周期后，通过强制换羽，使产蛋鸡休产一个时期，再进行第二个产蛋期的利用。有的还要进行第二次强制换羽进入第三个产蛋期。

第四节　专业大户的惠农政策

一、促进粮食生产的政策

（1）新增补贴向粮食等重要农产品、新型农业经营主体、主产区倾斜政策。用于支持粮食适度规模经营，重点向专业大户、家庭农场和农民合作社倾斜。

（2）小麦、水稻最低收购价政策。为保护农民利益，防止“谷贱伤农”，2015 年国家继续在粮食主产区实行最低收购价政策。

（3）产粮大县奖励政策。对常规产粮大县、五年平均粮食产量或商品量分别列全国前 100 名的产粮大县和 13 个粮食主产区的前 5 位超级产粮大省给予奖励。

（4）农业防灾减灾稳产增产关键技术补助政策。在主产省实施小麦“一喷三防”全覆盖，大力推广农作物病虫害专业化统防统治。

（5）深入推进粮棉油糖高产创建和粮食绿色增产模式攻关支持政策。建设高产创建万亩示范片的基础上，开展粮食绿色增产模式攻关，探索在不同地力水平、不同生产条件、不同单产水平地块，同步开展高产创建和绿色增产模式攻关。

二、鼓励促进土地流转

通过土地承包经营权的流转，实现农业规模化经营。同时，将土地流转出去的农民，除了能获得既定的租金收益外，还可到出租出去的土地上打工，额外获取又一份收益。党的十八届三中全会《中共中央关于全面深化改革若干重大问题的决定》提出：“鼓励承包经营权在公开市场上向专业大户、家庭农场、农民合作社、农业企业流转，发展多种形式规模经营。”“土地进行流转后，农民既有土地的收益，同时也可以到专业合作社、专业大户，农业企业内进行打工获得工资收入。这对企业和农民来说是双赢的。”

三、邮政储蓄资金支持现代农业示范区建设

为发挥示范区引领农村金融创新的作用，推动邮政储蓄银行加大示范区建设支持力度、创新服务“三农”模式，中国邮政储蓄银行联合下发《关于邮政储蓄资金支持现代农业示范区建设的意见》，力争到2020年，邮政储蓄银行对国家现代农业示范区的涉农贷款余额达到2 000亿元，将家庭农场、专业大户、农民合作社、农业产业化龙头企业等新型农业经营主体作为重点支持对象，将发展高效生态农业产业基地作为重点支持方向，以产业链中的龙头企业为中心，促进农业产加销、贸工农一体化发展。

第四章 家庭农场

第一节 家庭农场的特征和模式

一、家庭农场的基本概述

家庭作为一种特殊的利益共同体，拥有包括血缘、感情、婚姻伦理等一系列超经济的社会纽带，更容易形成共同目标和行为一致性。以家庭为单位进行农业劳动，在农业生产过程中不需要进行精确的劳动监督和计量，劳动者具有更大的主动性、积极性和灵活性。因此，家庭农场作为一种有效率的组织形式，完美地解决了农业生产中的合作、监督和激励问题，是农业生产经营的最佳组织形式，也是世界各国农业生产中占绝对优势的经营主体。

在认识特征之前，首先要认识家庭农场的基本概念。家庭农场是指以家庭成员为主要劳动力，以农业收入为主要来源的农业经营单位。以家庭成员为主要劳动力，从事农业规模化、集约化、商品化生产经营，并以农业收入作为家庭主要收入来源的新型农业经营主体，可以提高农业集约化经营水平、提升农业效益。人们对家庭农场有不同的理解与解读，有“三特征说”，也有“四特征说”。“三特征说”认为：其一，家庭农场经营者主要是农民或其他长期从事农业生产的人员，主要依靠家庭成员，并辅以雇用农工从事生产经营活动。其二，家庭农场专门从事农业生产，主要进行种养业专业化生产，经营者大都热爱农业，接受过农业知识教育或技能培训，或自学农业科学知识和生产经营管理，有一定的市场意识。其三，家庭农场经营规模适度，种养规模与家庭成员的劳动生产能力和经营管理能力相适应，符合当地确定的规模经营标准，收入水平能与当地城镇居民相当，实现较高的土地产出率、劳动生产率和资源利用率。“四特征说”认为家庭农场要具备以下四个特征。一是具有一定规模，以区别于小农户。二是以家庭劳动力为主，以区别工商资本农场的雇工农业。三是具有稳定性，以区别于兼业农民和各种承包的短期行为。稳定性是农业生产特点所要求的，是农业经验与技术积累和农地的可持续利用的重要条件。家庭农场涉及规划、计划、财产、品牌建设、农场继承等一系列问题，稳定性是必然要求。四是要进行工商注册。家庭农场作为农业企业的一种形式，不同于小农户和某些流动的承包大户，注册为家庭农场，便于政府管理与政策支持。其实，“三特征说”与“四特征说”内容相似，只是“四特征说”比“三特征说”多了一个注册与不注册的问题。

这种表述过于冗长杂余。家庭农场的概念与特征可归结为一句话：在明晰有效的产权制度下，以家庭劳动力为主的规模化、专业化、商品化生产，以及由机械化、信息化装备的农业经营主体构成的现代农业生产经营体系。

二、家庭农场的特点

家庭农场的最大特点就在于既保留了农户经营农业的优势，符合农业生产特点的要求，同时又可以克服小农户的弊端，是新型职业农民培育的必要条件和现代农业组织的基础。归纳家庭农场的优势，可以列出很多方面，如家庭农场的稳定性和适度规模有利于激发农户的科技需求和应用；有利于农业集约化、专业化和组织化的实现；有利于耕地的保护和可持续利用；有利于培养新型职业农民；有利于提高政府支农政策的针对性和有效性；有利于农业文化的传承等。事实证明，工商资本在农业领域发挥作用的空间是有限的，一般局限在加工和流通过程，因为工商资本承包土地代替农户经营面临诸多风险，并不存在所谓“规模效应”或“提高抗风险的能力”。农业的农户经营形式是不可替代的，未来农业组织最基本的形式应该是在坚持家庭经营的基础上发展一定规模的家庭农场。在实践中不要把家庭农场神秘化或标准化，无论是规模还是经营方式都应该是多样化的。例如，广东一个专业化养猪农场只需两三亩，年养猪出栏可达2 000头，除了家庭一对夫妇外，再请两个帮工，农场就可以正常运转，每年产值120万元，纯收入可达8万元；山东栖霞果农，一对夫妇全部精力都用在果园上，最多只能经营30亩规模，每年产值可达80万元，纯收入10万多元，可以注册为家庭农场；黑龙江的农民开着拖拉机，每个劳动力可以种100多亩粮食，一户如果有3个劳动力，这个家庭农场的规模可达500亩，每年产值100万元，纯收入也可达10万元。农场的类型可以是专业农场，也可以是综合农场。通过建立综合农场，可以解决农业劳动时间分配不均匀的问题，为稳定就业提供保障。家庭农场多样化经营，也有助于避免集中受制于自然影响和传统小农制经济的单一性、脆弱性。

家庭农场具有以下特征。其一，家庭农场经营者主要是农民或其他长期从事农业生产的人员，主要依靠家庭成员而不是依靠雇工从事生产经营活动。其二，家庭农场专门从事农业生产，主要进行种养业专业化生产，经营者大都接受过农业教育或技能培训，经营管理水平较高，示范带动能力较强，具有商品农产品生产能力。其三，家庭农场经营规模适度，种养规模与家庭成员的劳动生产能力和经营管理能力相适应，符合当地确定的规模经营标准，收入水平能与当地城镇居民相当，实现较高的土地产出率、劳动生产率和资源利用率。家庭提供了几乎全部资本；家庭具有很强的独立性；家庭对某块特定的土地有很强的依赖性；重点是在家庭内部，生产活动占主导地位；家庭和企业融为一体，家庭的生活方式会影响企业的决策；农场的管理水平受到农场主能力的限制等。由于具备了以上特征，家庭农场就如同多数小型企业一样，在新的产业体系中承受着很大的压力，特别是在农资的购买、信息的获得、产品的营销、规模经济和资本的筹集等方面压力更大。农业企业的发展趋势是规模越来越大，在美国，6%的大农场创造了农业产品价值的59%。特定的产品市场是存在的，但是需要高度专业化的管理，以便获得所需要的产品种类和进行有效的市场规划。

家庭农场面临的形势使得世界上一些具有超前意识的农场主做出了相应的反应。为最大限度地获得成功，他们以新的、重新组合的要素形成21世纪的农业企业制度。同传统的家庭农场相比，21世纪的家庭农场应该具有这些特征：在信息管理方面发挥更大的作用；进行更多的研究尤其是有助于预测技术方面的研究；农业企业组织形式上的创新，包括租赁、企业联合组织以及非农企业与农业企业的联合经营；注重为即将发生的变化制订计划；在会计记录、财务控制、风险管理以及人力资源管理等方面改善企业管理的业绩；加强农业企业与供应环节的联系、联合与合作，包括家庭农场成员在农场外部的公司企业工作；在以市场为导向的机制下将环境保护、生产过程和产品营销结合起来，实现“从农场到餐桌”的完整的农业产业化体系。

三、家庭农场出现了新的特征

农产品在国际市场的激烈竞争，促使家庭农场的规模越来越大，以适应国内外竞争的需要。家庭农场主及其成员，要求具备更多的现代企业管理知识与理念。把现代企业管理引进家庭农场的经营管理之中，就需要家庭农场主及其成员不断学习新的知识，提高经营管理的能力。而这些能力中有许多是一般性能力，适合多数企业的经营管理，这些一般性能力包括：适应变化的能力；确定目标与制订计划的能力；市场营销的能力、企业管理的能力；创造性思考的能力；自信心；伦理价值观念的保持能力；交流能力——书面和口头的交流；信息管理的能力；人力资源管理的能力——自我管理、集体管理和其他个体的管理；学习知识的能力。除一般性能力外，21世纪成功的家庭农场还需要其成员具备一些特殊能力：技术管理的能力；生产管理的能力；获得特定产业体系供应环节知识的能力；环境管理的能力。由于以生产为中心的传统的家庭农场已不存在，家庭农场成员具备特殊能力就越来越有必要。经营者必须获得这些能力，或者聘用具有这些特殊能力的人才，以帮助经营。

为了使家庭农场成员具备以上能力，就要使每个成员都成为学习者，他们需要接受5个基本的前提。第一，家庭农场成员必须对自己的学习负责。在传统的以生产为导向的体制下，大部分教育由教育者引导并产生一般性的效果；而在新的农业产业制度下，每一个家庭必须找出适合自己的学习方案。教育是一种服务，必须以市场为导向。家庭农场成员只有像消费者那样对自己的学习负责、为自己的学习制订计划并确保有适当的机会落实这些计划，教育才会取得效果。对自己的学习负责还意味着家庭在时间和经济上的付出。第二，每一个家庭农场成员都要学习。那种由一人做主经营农场的模式已成为历史。所需能力的扩大和持续的迅速变化使得家庭农场中的所有成员，不分年龄、性别，无论在农场中从事何种工作，都有必要学习某一方面的专业知识。因此，在某一个家庭农场里，母亲可能侧重于学习企业管理和市场营销方面的知识，儿女们可能侧重于学习信息管理方面的知识，而父亲则可能专门学习生产和环境管理方面的知识。如果雇用的人员参与管理，也需要具备这些管理知识及技能。这种协作方式有助于将家庭农场与垂直一体化体系中的合作者更广泛地联系起来。第三，在农场内部很难有效地获得许多新的能力。在传统的工作环境下，情况更是如此。正规的课程和非农就业经历是必要的。第四，学习计划需要利用多种途径。这就意味着学习者要确信他们已经了解所有相关的学习机会，学习者还需要了解能满足他们学习要求的教育程度（如大学教育、职业教育）。第五，学习需要坚持不懈。管理环境和农场家庭都在不断发生变化，因此，所有的家庭农场成员都必须不断学习以适应这种变化。

实现以上5个基本前提，就要着手对环境进行分析，以确定个人、家庭和企业目标，以便制订家庭农场人力资源的开发计划，即具体的学习计划。在确定个人、家庭和企业的目标时，要求所有的利益关系人参与，相互沟通和理解；还要收集潜在的活动及其成本、收益等方面的信息，这些目标要涵盖所有方面——经济、职业、亲属关系和娱乐等。要为家庭农场中的所有成员，包括在农场工作和不在农场工作的家庭农场成员以及姻亲在内，确定目标。该学习计划不仅包括“补课”计划以弥补目前知识的不足，还包括对未来活动的开发计划。计划一旦实施，就需要进行必要的监督，并定期对所确定的目标和所采取的措施进行检查。该行动计划的成功实施将使家庭农场在21世纪具有竞争力，形成家庭协作精神，并有助于保持传统的文化价值观念。家庭农场新特征表明，现代农业对家庭农场发展提出了更高的要求。

四、家庭农场的基本模式

当今世界的家庭农场有3种基本模式。

（一）以美国为代表的大型家庭农场

据最新公布数据，美国共有220万个农场，98%是家庭农场，非家庭农场只占2%。在家庭农场中，小型的占88%，大型的只占10%。在小型家庭农场中，18%为退休者农场，45%为生活式农场，25%为职业农场。

家庭农场经营规模差异较大。美国农场的平均面积为2 428亩。

退休者农场和生活式农场的平均面积分别为1 056亩和898亩，职业农场的平均面积为2 634亩。大型家庭农场的平均面积为10 896亩，非家庭农场的平均面积为6 671亩。

大型家庭农场是农产品的主要提供者。大型家庭农场仅占农场总数的10%，却贡献了农业总产值的60%以上。大型家庭农场和非家庭农场仅占农场总数的12%，却贡献了农业总产值的84%。年销量过100万美元的农场只占2%，却贡献了农业总产值的53%，主宰了主要高经济价值农产品——高价值农作物、生猪、乳制品、家禽、肉牛的生产。

相比之下，小型家庭农场占农地面积的63%，持有农场资产的64%，贡献的农业产出仅占16%，它们也贡献了谷物和大豆的23%、饲料草的51%、烟草的34%、肉牛的22%。

家庭农场的土地以自我经营为主。大多数退休者农场、生活式农场、非家庭农场经营的土地为自己所有，主要由自我经营。美国家庭农场大多为夫妇共同经营，也有部分为多代共同经营。每个农场的经营者平均为1.8个人，55%有2个或2个以上的经营者，16%是多代共同经营。在大型家庭农场和非家庭农场中，多代共同经营最为普遍。

农场利润和收入状况与经营规模高度相关，小农场收入主要来自非农收入。大型家庭农场平均利润多为正，有40%~45%的大型家庭农场平均利润率超过20%；45%~75%的小型家庭农场的经营利润率为负，退休者农场、生活式农场和其他一些小型农场大多亏损。小型家庭农场之所以能继续存在，主要是因为有其他收入来源，如非农工资、投资利息、分红、社会保障等公共项目收益，以及赡养费、养老金、房产或金融资产收入、退休金等。小型家庭农场的非农收入有76%来自工资收入。退休者农场非农收入的60%来自社会保障、抚恤、股息、利息、租金等。

在美国，农场经营者家庭平均收入高于中等家庭平均水平。2007年，家庭农场平均收入8.9万美元，大型家庭农场平均收入10万~15万美元，中等收入家庭平均为5.02万美元。

美国的农业以家庭农场为主，由于许多合伙农场和公司农场也以家庭农场为依托，因此美国的农场几乎都是家庭农场。可以说美国的农业是在农户家庭经营基础上进行的，具有如下特点。

（1）经营规模化和组织方式多样化。从经营规模来看，其发展与趋势表现为农场数量的减少和经营规模的扩大。20 世纪以来，美国家庭农场在数量上上升至 89%，拥有 81%的耕地面积、83%的谷物收获量、77%的农场销售额。

（2）生产经营专业化。美国分为 10 个农业生产区域，每个区域主要生产一两种农产品。北部平原是小麦带，中部平原是玉米带，南部平原和西北部山区主要饲养牛、羊，五大湖地区主要生产乳制品，太平洋沿岸地区盛产水果和蔬菜。在这种区域化布局的基础上，建立和发展了生产经营的专业化。

（3）土地所有权私有化。美国经过几十年的探索，于 1820 年将共有土地以低价出售给农户，建立家庭农场的农业经济制度。正是这种制度的建立，促进了美国开发西部的热潮。

（二）以法国为代表的中型家庭农场

法国作为欧盟第一农业生产国、世界第二大农业和食品出口国、世界食品加工产品第一大出口国，其家庭农场的作用功不可没。法国有各类家庭农场 66 万个，平均经营耕地 42 公顷，其中 60%的农场经营谷物、11%的农场经营花卉、8%的农场经营蔬菜、5%的农场经营养殖业和水果，其余为多种经营。75%以上的家庭农场劳动力由经营者家庭自行承担，仅 11%的农场需雇用劳动力进行生产。由于农产品市场竞争日趋激烈，加上用工成本的不断提高，法国的家庭农场出现了以兼并的形式不断扩大规模和发展农工商综合经营的产业化趋势。法国农场专业化程度很高，按照经营内容大体可以分为畜牧农场、谷物农场、水果农场、蔬菜农场等，专业农场大部分经营一种产品，以突出各自产品的特点为主。

（三）以日本为代表的东亚小型家庭农场

1946—1950 年，日本政府采取强硬措施购买地主的土地转卖给无地、少地的农户，自耕农在总农户中的比重占了 88%，耕地占了 90%，并且把农户土地规模限制在 3 公顷以内。1952 年，日本制定了《土地法》，把以上规定用法律形式固定下来，从此形成了以小规模家庭经营为特征的农业经营方式。从20世纪70年代开始，日本政府连续出台了几个有关农地改革与调整的法律法规，鼓励农田以租赁和作业委托等形式协作生产，以避开土地集中的问题和分散的土地占有给农业发展带来的障碍因素。以土地租佃为中心，促进土地经营权流动，促进农地的集中连片经营和共同基础设施的建设。以农协为主，帮助核心农户和生产合作组织妥善经营农户出租或委托作业的耕地。这种以租赁为主要方式的规模经营战略获得了成功。

第二节　家庭农场的认定和创办

一、家庭农场的认定

家庭农场认定条件（表4-1）。

表4-1　家庭农场的定义与条件

定义	以家庭成员为主要劳动力，从事农业规模化、集约化、商品化生产经营，并以农业为主要收入来源的新型农业经营主体
条件	①家庭农场经营者应具有农村户籍（即非城镇居民）； ②以家庭成员为主要劳动力。即无常年雇工或常年雇工数量不超过家庭务农人员数量； ③以农业收入为主。即农业净收入占家庭农场总收益的80%以上； ④经营规模达到一定标准并相对稳定。即从事粮食作物的，租期或承包期在5年以上的土地经营面积达到50亩（一年两熟制地区）或100亩（一年一熟制地区）以上；从事经济作物、养殖业或种养结合的，应达到当地县级以上农业部门确定的规模标准； ⑤家庭农场经营者应接受过农业技能培训； ⑥家庭农场经营活动有比较完整的财务收支记录； ⑦对其他农户开展农业生产有示范带动作用

由此看出，家庭农场的基本特点是土地经营规模较大、土地流转关系稳定、集约化水平较高、管理水平较高等。和一般专业大户相比，家庭农场在集约化水平、经营管理水平、生产

经营稳定性等方面做了进一步的要求。专业大户和家庭农场仍然属于家庭经营。

二、家庭农场的创办

家庭农场作为一个独立的法律主体，对内自主经营，对外承担义务，相应的权利应有法律保障，承担的责任应由法律监督，政府扶持政策更需要一个经过法定程序确认的主体来承受。因此，无论从规范管理还是政策落实的角度，家庭农场主体资格的确认必须经过一定的审核和公示程序，工商注册登记可以作为家庭农场依法成立的前提条件。

（一）注册类型

绝大部分家庭农场登记为个体工商户的主要原因在于：个体工商户的登记条件低，没有注册资本要求，无须验资，登记手续简便快捷，符合法定形式的，当场予以登记，管理宽松。然而，企业形式更符合家庭农场的规模化经营需求，规模化经营是家庭农场的基本特征，经营规模需要以一定数量的从业人员、资产总额、销售额等指标为支撑，而这些都需要通过组织化规范化的管理和经营方能实现。组织性是企业有别于个人的一大特征，营利性是企业追求的基本目的，以利润最大化为目标进行科学管理的企业特征有利于集聚人员、筹措资金和规范管理。采用企业形式设立家庭农场可以推进家庭农场的经营规模化、组织的规范化，提升产品的品牌效应，从而提高销售额和经营利润。

以投资和责任形式为标准，企业通常被划分为公司和个人独资企业、合伙企业 3 种基本形式，这些法人或非法人的企业形式兼具了个体工商户的功能优势又弥补了其缺陷。首先，个人独资和合伙这两类非法人企业既有个体工商户的灵活性又能享受同等的税收优惠政策。其次，个人独资企业、合伙企业和公司的企业属性弥补了个体工商户在生产经营管理方面的不足。

（二）主体条件

家庭农场顾名思义是以家庭为基础，设立主体应是农户家庭，主要劳动力和从业人员应为家庭成员。建议参照现行法律中简单多数的立法习惯，以从业人员的过半数为限，即常年从事家庭农场生产经营的人员应有一半以上为家庭成员，季节性临时性的雇工人员不包括在常年从业人员的基数范围内，或者家庭成员至少有两人直接参与家庭农场的生产经营活动。至于农户家庭的其他条件如经营者的年龄、劳动能力、身体和业务素质、家庭中务农的具体人数、农村户籍所在地等可由各地根据具体情况自行决定是否设定。

（三）经营范围

基于家庭农场的性质，其主要经营范围应限定在《中华人民共和国农业法》第 2 条所规定的农业生产范围，即种植业、林业、畜牧业和渔业等产业，包括与其直接相关的产前、产中、产后服务。目前有部分省市将“以农业收入为家庭收入主要来源”作为申请登记家庭农场应具备的条件之一，课题组认为家庭农场从事农业生产，以农业收入为主是毋庸置疑的前提条件，需要考量的是该家庭是否以从事农业生产为主。而农业收入占家庭总收入的比重在家庭农场作为农业生产的主要经营主体尚未设立并开展生产之际是无法判断和衡量的，将此作为家庭农场的设立条件不具有可操作性，既不现实也无必要。

（四）经营规模

家庭农场应具有多大的规模？家庭农场经营规模的具体标准尚无公认的结论。在确定经营规模之前，必须考虑家庭农场之间因所在地区、所处时期、经营内容等诸多因素影响而存在的差异性。从宏观层面来看，可能还无法采用一个统一的方法来准确测算其最优规模，更多的是从理论层面进行分析，目前对该问题的研究大多从微观层面进行实证分析，课题组认为应基于规模经济效益来测算各地区家庭农场的适度规模，尤其是对规模上限的确定，因为在现实中，多数规定了家庭农场的规模下限，而对上限没有明确要求。

（五）土地承包经营权

家庭农场生产经营所使用的土地是农村土地，依法属于农民集体所有或国家所有由农民集体使用，家庭农场只有通过家庭承包方式或承包权流转方式（荒山、荒沟、荒丘、荒滩等农村土地，通过招标、拍卖、公开协商等方式）方可取得该土地的使用权，无论哪种方式均有法定或约定的期限限制。土地使用权的相对稳定是家庭农场生产经营规模化和高效化的基础，因此，土地承包经营权的取得及期限应作为家庭农场成立的必要条件。

家庭农场获得的土地承包经营权的期限应以多长为宜？对此目前各地政府规定不一，而农林作物和农产品均有一定的生长周期，收益期长，土地承包期限过短会严重影响家庭农场的生产投入和经营效益，从而抑制家庭农场经营者的积极性。因此建议土地流转期限最短不得低于农林作物或农产品的收获期和收益期。

在现实操作中，一些地方将雇工人数、注册资金也列入了家庭农场登记注册时必须具备的条件范围。课题组认为，雇工人数和注册资金均可根据家庭农场申请注册登记的法律主体类型和性质遵循相应的法律规范要求，不需要针对家庭农场设置特别的限制条件。例如宁波市的家庭农场由于规模较大，雇工较为普遍，70%的农场拥有长期雇工，平均每个农场3名左右，多者达几十人，而季节性雇工更多。显然，家庭农场逐渐扩大规模后或者企业化经营后，会增加雇工的数量，这样劳动力以家庭成员为主的标准就会被突破，就会被质疑是不是影响了家庭性。但是在我国社会化服务体系还不完善的情况下，一定数量的雇工是保证家庭农场经营的条件。

第三节　家庭农场的项目建设

家庭农场的发展与成长，离不开家庭农场成员自身的拼搏和努力，但自身力量毕竟有限，如果能获得国家农业资金的支持，就能更有效地为家庭农场注入动力，增强活力。因此，家庭农场对项目及项目建设应该有必要的了解，并有针对性的争取。

项目一般指同一性质的投资或同一部门内一系列有关或相同的投资，或不同部门内一系列投资。具体项目是指按照计划进行的一系列活动，这些活动相互之间是有联系的，并且彼此间协调配合，其目的是在不超过预算的前提下，在一定的期限内达成某些特定的目标。

而农业项目，泛指农业方面分成各种不同门类的事物或事情。包括物化技术活动、非物化技术活动、社会调查、服务性活动等。在农村、农业、农民的实际工作中，拥有数以万计的各种类型、内容不同、形式多样、时限有长有短的农业项目，包括每年新上的项目、延续实施的项目和需要结题的项目等。

一、家庭农场项目的申报

（一）农业项目承担单位

农业项目需要具体的承担单位来执行并完成，项目承担单位的条件如下。

（1）领导重视。承担单位领导对项目的实施非常重视，愿意承担项目的实施工作。

（2）有较完善的组织机构。承担单位必须是农业经营主体，内部管理机构完善，分工明确，人员配备完整。

（3）有较强的技术力量和必要的仪器设备。承担单位的技术依托单位技术力量较强，技术人员有与项目相关的专业知识，技术水平较高，有承担项目实施的经验。同时，有与项目实施要求相适应的仪器设备，能完成项目的实施任务。

（4）有一定的经济实力。农业项目的实施，除项目下达单位拨付一定经费外，往往还需要承担单位配套相应的经费。因此，承担单位必须有一定的经济实力，才能完成项目实施任务。

（5）有较强的协调能力。有的项目一个单位完成有一定的困难，需要其他相关单位配合才能完成。因此，在有多个单位一起参与的情况下，主持（承担）单位必须具有较强的协调能力，指挥协作单位共同完成项目任务。

（二）农业项目主持人

项目主持人（负责人）一般应由办事公正、组织协调能力较强、专业技术水平较高的行家担任。项目主持单位和项目主持人（负责人），能牵头做好以下工作。

（1）编写《项目可行性研究报告》，并根据专家论证意见修改、补充，形成正式文本。

（2）搞好项目组织实施、组织项目交流、检查项目执行情况。每年年底前将上年度项目执行情况报告、统计报表及下年度计划，报项目组织部门审查。

（3）汇总项目年度经费的预决算。

（4）负责做好项目验收的材料准备工作。

（5）传达上级主管部门有关项目管理的精神，反映项目实施过程中存在的问题，提出相应的解决意见，报项目组织部门审核。

二、项目管理的内容和方法

（一）项目管理的概述

项目管理就是应用系统的方法，对项目的拟定立项、实施执行、成果评价、申报归档等各个阶段工作的实践活动、联结与配合进行有效的协调、控制与规范行为，以达到预期目标的活动过程。

项目管理与管理的性质一样，具有二重性，即自然属性和社会属性。

管理的自然属性，表明了凡是社会化大生产、产业化、规模化的劳动过程，都需要管理，管理的这种自然属性主要取决于生产力发展水平和劳动社会化程度，而不取决于生产管理的性质；管理的社会属性表明了一定生产关系下管理的实质，这种社会属性，随着生产关系的变化而变化，因而它是管理的特殊属性。例如农业项目的管理对象，是参加项目实施的广大科技人员及农业劳动者，他们是项目的主人，项目的实施过程是他们直接参与的过程，也是项目决策的参与者，通过各种方法，如经济方法、行政方法、法律方法，充分地调动他们直接参与的积极性、主动性和能动性，自觉地规范行为，实现项目的预定目标。

（二）项目管理的内容

1. 项目申报立项管理

主要是项目组织单位的管理工作，其具体内容包括下达项目的编写大纲或申报指南、接受申报、组织专家对申报项目进行可行性研究、做出决策、否定或批准立项、下达项目计划并执行。

2. 项目实施管理

具体的内容包括层层签订合同，对实施方案与计划执行管理、对实施单位的人、财、物管理，检查、反馈与调整等，这一阶段的管理工作包括有高层管理、中层管理和基层管理的交叉，需要互通信息、密切配合、协调共进，保证项目的顺利实施。

3. 项目验收与鉴定管理

其具体内容包括资料整理、总结工作的管理，对经项目承担单位申请、项目组织单位组织项目验收与鉴定工作的管理，对农业科技推广项目成果报奖及材料归档的管理工作等。

（三）项目管理的方法

1. 分级管理

项目组织部门根据各自的情况制订各自的项目计划，这些项目，一般按下达的级别进行管理。省、市、县级项目组织部门分别管理跨市、跨县、跨乡的项目。承担上级的项目，执行中的修正方案要报上级管理部门批准；项目结束后，档案材料正本要交上级管理部门，自己只留副本。

2. 分类管理

在各级部门管理的项目中，一般分为农、林、牧、渔项目，隶属各部门管理，部门内再按专业划分，以便于按照各专业的特点，采取不同的管理办法组织实施。

3. 封闭式管理

每个农业项目的管理，从目标制定，下达部署，组织执行，反馈修改方案，直至实现目标，必须形成一个封闭的反馈回路，称为封闭式管理。项目管理中如果有头无尾或只有方案没有反馈，不按照项目程序进行，就很难达到预定目标。

4. 合同管理

项目计划下达后，项目下达部门可与下级部门逐级签订合同书，将项目实施目标，技术经济指标，完成时间，需要的经费、物资，考核验收办法，奖惩办法等写入合同，经各方签字后生效。

第四节　建立和管理家庭农场

一、家庭农场的劳动关系管理

（一）家庭农场的雇工

家庭农场的建立和发展是一个长期的过程，家庭农场的正常营运不仅需要雄厚的资金、适度的土地规模和优秀的经营人才，还需要大量的劳动力。

一般情况下，具有一定规模的家庭农场都需要雇用一定量的常年农工和大量的短期农工，规模越大则雇用农工数量越多。家庭农场用工问题将成为影响家庭农场未来发展的一个重要因素。目前，家庭农场在用工方面主要存在三大问题。

1. 招工难，且来源不稳定

随着城镇化和工业化进程的加快，大量农村劳动力转移到城镇和企业，农业劳动力短缺问题越来越严重，导致家庭农场招工越来越困难。而且由于外出务工人员流动频繁，产生雇工群体的不稳定性，无形中增加了家庭农场雇工成本。

2. 劳动力成本大幅度上涨

近年来，由于受物价上涨等因素的影响，家庭农场雇用工人的工资不断攀升。东部地区家庭农场雇用的短期女性老年劳动力的日工资在 90～100 元，短期男性老年劳动力的日工资在 120～150 元，长期雇用的工人月工资在 2 500～3 000 元。劳动力成本的大幅度提升，导致家庭农场的利润空间变小，影响了家庭农场的效益提高，也影响了家庭农场的规模扩张。

3. 雇工的素质较低

目前留守在广大农村的劳动力大多为老年人，因此，家庭农场在用工上已经没有可供选择的余地，只能雇用年迈体弱的老年劳动力。这些雇工大多受教育程度较低，接受农业新技术和新技能的能力比较薄弱，无疑不利于家庭农场的发展。从理论上讲，可以用“机器换人”的办法解决家庭农场的用工问题，但现实条件尚未具备。据调查，目前，除经营水稻的家庭农场可全程采用机械化作业外，水果、蔬菜等生产生鲜产品的家庭农场普遍难以采用机械装备进行生产活动。若不能尽快提高农业机械化程度，家庭农场用工难的问题将会更加凸显。

4. 用工形式和劳动关系更为复杂

这主要表现为家庭农场用工形式和就业人员来源更为多样。

家庭农场用工形式既包括全日制员工，也包括季节工、小时工等，就业人员除了当地农民外，还包括相当部分实习学生、下岗再就业人员、退休返聘人员等。这些人员体现出更多的临时性、灵活性用工的特征。相当多的家庭农场聘用的人员大多为附近的农民。他们“穿起制服是农场工人，回家当农民种地”，“闲时上班，忙时务农”，体现出较为明显的季节性用工特征。不同的来源也使劳资关系更为复杂。这其中，既有属于劳动法、劳动合同法规范的劳动关系，也有暂时尚未明确适用劳动法、劳动合同法规范的其他雇用关系。一旦发生劳资纠纷，处理起来难度将更大。

5. 工作和休息时间等劳动法规定不明确且执行比较随意

家庭农场主要从事农业生产活动，农业生产具有自身特性，工作时间非常灵活，工作时间和休息时间界限比较模糊。在播种收秋时节，更是加班加点，连日不休。对于家庭成员而言，灵活的工作时间毫无问题。但是，对于雇工来讲，按照现有法律法规标准来看，员工超时劳动已经违反劳动法。劳动保护特别是女职工特殊保护规定落实较差。女职工在经期、孕期、产期、哺乳期，其劳动权益的保护较少。

6. 社会保障问题比较突出

家庭农场用工形式和就业人员来源多样，雇用的长期工中农民有农村新型社会养老保险，新型农村合作医疗；部分实习学生没有保险，部分地区有实习保险；退休返聘人员已经享受城镇职工保险等，所以家庭农场的大多数都未参加养老、医疗、失业保险。但是，如果将家庭农场作为中小企业对待的话，社会保障体系的缺少，给家庭农场经营带来非常大的问题。

（二）家庭农场雇工需要注意的问题

我国农村目前主要实行以家庭为单位的联产承包责任制，而且家庭农场中的农业劳动多以家庭的组织形式进行，国家对家庭内的劳动关系不予干预。但是，随着家庭农场生产规模的进一步扩大，可能就需要从外面雇工。扩大雇用劳动力过程中就涉及了《中华人民共和国劳动法》和《中华人民共和国劳动合同法》（以下简称《劳动法》和《劳动合同法》）的相关内容。首先为了避免用工风险，毫无疑问要从雇工招聘上进行选择。农业生产的特点是经验占的比重比较大，因此，要选择有劳动经验的，年轻力壮、身体健康的劳动者。

其次作为家庭农场主，要特别注意劳动合同签订和履行。当前不少农民拒绝签订书面劳动合同，也不愿意家庭农场主为自己上社会保险，他们说："保险对他们没用，多给点钱就行。"有的家庭农场为了规避风险，与雇工签署了"员工自愿不参保协议"。但是不签劳动合同、不上保险都是违法的，签署的"员工自愿不参保协议"也是无效的，所以必须了解和遵守《劳动法》和《劳动合同法》的相关内容。

1. 劳动者的权利与义务

《劳动法》第 2 条规定，劳动者享有平等就业权、取得报酬的权利、获得劳动安全卫生保护的权利、提请劳动争议处理的权利以及法律规定的其他劳动权利。也就是说家庭农场主在雇用劳动者是必须为劳动者满足以上条件。

2. 劳动争议解决途径

《劳动法》第 77 条规定，用人单位和劳动者发生劳动争议，当事人可以依法申请调解、仲裁、提起诉讼，也可以协商解决。

3. 签订劳动合同

《劳动合同法》第 2 条规定，中华人民共和国境内的企业、个体经济组织、民办非企业单位等组织（以下称用人单位）与劳动者建立劳动关系，订立、履行、变更、解除或者终止劳动合同，适用本法。第 10 条规定，建立劳动关系，应当订立书面劳动合同。已建立劳动关系，未同时订立书面劳动合同的，应当自用工之日起 1 个月内订立书面劳动合同。用人单位与劳动者在用工前订立劳动合同的，劳动关系自用工之日起建立。

因此家庭农场内的劳动者不签订劳动合同，出现风险等法律后果，只会转嫁给雇用工人的用人单位。也就是说，家庭农场如果与劳动者建立劳动关系，要符合劳动合同法的规定，务必签订劳动合同。

解除劳动合同也一样，第37条规定，劳动者提前30日以书面形式通知用人单位，可以解除劳动合同。劳动者在试用期内提前3日通知用人单位，可以解除劳动合同。劳动者本人也要遵守劳动合同的规定。

4. 经济补偿

有一些情况，例如用人单位与劳动者协商一致，并与解除劳动合同的，还要给予劳动者经济补偿。经济补偿按劳动者在本单位工作的年限，每满1年支付1个月工资的标准向劳动者支付。6个月以上不满1年的，按1年计算；不满6个月的，向劳动者支付半个月工资的经济补偿。

二、家庭农场的融资管理

（一）农场主加强与政府、金融机构三方协作

积极争取政府给予那些向农场主提供贷款的金融机构政策性补助，争取农村信用社对家庭农场的信贷支持；争取民间资本积极参与到家庭农场建设，加大对农场的基础设施投入。积极了解金融机构的贷款限制，争取银行、信用社放宽对农场主的贷款限制，降低贷款利率，实行差异性贷款模式，对不同经营规模的农场主给予不同程度的贷款限额。也有一些地区，以“优惠贷款”“专项资金”“贴息贷款”的方式支持家庭农场发展，家庭农场主要通过各种信息渠道，力争获取这些政策性的资金扶持项目，减轻农场的融资压力。

（二）尝试新的融资担保服务

《中华人民共和国担保法》（以下简称《担保法》）第37条规定，农村宅基地、耕地的土地使用权不能抵押。但是，作

为一般的家庭农场主，他向银行贷款融资所能作为抵押的一般都是自有的农村宅基地和耕地的土地使用权。这一规定严重地制约了家庭农场主的融资贷款，不少地区开始允许农场主用住房、农产品的收益权作为抵押品。我们对为了破除现行法律制度在农村产权抵押担保上的制约作用进行了估计，国家层面可能对《中华人民共和国物权法》《担保法》等进行论证、修改，推动农村产权改革，取消或者适当放宽对农村承包经营用地、宅基地的抵押限制，提高农村产权的流动性，建立农村产权市场，实现农村各类产权效用的最大化。在相关法律规定修改前，可以参考一些地区通过国务院批准试点的方式，探索破解农村产权抵押难题，以降低市场参与主体特别是银行面临的法律风险。例如，温州出台了《关于推进农村金融体制改革的实施意见》和《关于推进农房抵押贷款的实施办法》，使农村房屋抵押贷款有章可循。随后，温州又出台了《农村产权交易管理暂行办法》，规定12类农村产权可以进入市场交易：农村土地承包经营权；林地使用权、林木所有权和山林股权；水域、滩涂养殖权；农村集体资产所有权；农村集体经济组织股权；农村房屋所有权；农村集体经营性建设用地使用权；农业装备所有权（包括渔业船舶所有权）；活体畜禽所有权；农产品期权；农业类知识产权；其他依法可以交易的农村产权。

（三）联保贷款

农场主之间可以互相合作，实行联保贷款；农场主之间加强交流，家庭农场经营好的农场主可以为正遇到融资困境的农场主提供实践性经验。

三、家庭农场的风险控制

农业与工业不同，天然存在着风险高的特征。对于家庭农场而言，随着经营规模的扩大，风险也在相应扩大，必须有一个良好的风险控制体系，重点防控好自然风险、疫病风险、市场风险、制度风险和社会风险五大风险。

(一) 自然风险

农业区别于工业的最大风险是自然风险。农业是从自然界获取劳动成果，因此农业基本无法避免自然风险，只能通过避灾救灾减少影响。例如，播种时的干旱少雨，如果没有灌溉，则可能无法播种错过农时；再如，作物生长过程中的冰雹、旱涝、冷热灾害随时会发生，“倒春寒”使陕西苹果开花受冻严重，至少250万亩的苹果产量会受影响；另外，成熟季节的农作物，可能因为冰雹等突然的恶性自然灾害导致产量大幅损失甚至颗粒无收。防范自然风险，虽然国家的政策性农业保险制度还在完善，但已经提供了基本的风险保障，要注意运用好这一政策。同时，还可以考虑农业商业保险。一些农业技术措施也可起到缓解作用，例如近年苹果产区发展较快的防雹网建设，一次性投入较大，但防范冰雹的能力明显提升。

(二) 动植物疫病风险

口蹄疫的暴发可能导致养殖场的偶蹄动物整体死亡或者被国家强制扑杀，对生猪、牛羊养殖威胁很大，必须以最严格的措施防范。至于一般的动物常见疫病，往往也会造成动物死亡或者商品性丧失。再如，小麦、玉米的流行病害或容易暴发的虫灾，往往会导致产量极大的损失，像这两年正在严重发生的小麦吸浆虫、玉米黏虫等，防控不及时，产量损失极大。在动植物疫病风险的防控上，主要是严格的技术管理和持之以恒的严密防控心态，一旦出现麻痹，往往付出惨痛代价。这两年讲的养殖企业“拼管理”，其实主要是技术管理，疫病损失越少，养殖效益才能越好。

(三) 市场风险

市场风险不论工业农业均要面对，但农业的市场风险更残酷，这是因为农产品的一些特殊属性决定的。由于农产品多为鲜活农产品，所以保质期十分短暂，必须在收获时节的极短时间内出售，否则可能腐烂变质一文不值。即使那些保质期长的农产品与工业品的保质期相比，也是差距甚远。于是，就形成了农产品常见的难卖问题，一到集中收获季节，往往量大价跌，供大于求，不仅效益下降，而且浪费惊人。应对市场风险，一方面，要重视农产品市场分析，避免陷入“丰收陷阱”；另一方面，要加强生产的组织化程度，通过行业协会、订单农业、合作社联合等方式，稳定市场，畅通产后渠道，保障收益。

（四）制度风险

制度风险是系统性的，家庭农场个体一般无法应对，常见的就是政策的变动。例如，在前些年政策还比较宽松的时候，畜牧养殖场是可以建在基本农田的，当地的政府也是允许的，甚至还有鼓励政策，但随着国家土地政策的日趋严厉，基本农田的畜牧养殖场是不允许建立的，已经建立的只有拆除，这个损失对养殖场显然是巨大的；再例如，一些地方为发展地方经济而鼓励的小型产业项目，承诺有优惠政策，也宣布有订单保障，但往往随着地方领导变迁，可能人走政息，政策难以落实，订单更无从谈起，参与项目者损失惨重。应对制度风险，需要家庭农场的负责者重视地方产业政策的研究，摆正经营思想，科学选择产业，避免因一时投机取巧而付出沉痛代价。不过，正常的国家优惠政策是应该积极争取的，这是应得的国民待遇，不应拒之不理。

（五）社会风险

这个风险过去叫农民的道德风险，是由于农民对于市场经济规则的不懂不问、不遵不守而引发的，常见的是土地流转纠纷。对多数的家庭农场而言，自有土地是少数，更多的土地靠流转，而经营农业的人都知道，土地经营权的长期稳定是投资农业的首要前提。在实际中，因为种种原因，农民突然违约强行收回流转土地的情形屡见不鲜，并引发严重社会事件。最一般的结局往往是当地政府为维稳大局而对农民息事宁人，使规模经营者蒙受损失。更有严重的，农民在规模经营者经营状况明显改观之际，公然哄抢或破坏，更是法难责众。应对这一风险，要学会同农民打交道，多从农民的角度考虑问题，在长期的土地流转合同上要留给农民 3~5 年调整一次流转租金的机会，主动协调，避免被动；同时，要善于运用流出土地农民的剩余劳动力，给他们就业机会，重视社会沟通，减少抵制情绪；还要注意乡村党政力量的沟通，力求矛盾发生时的公正评判。

第五节　家庭农场的发展现状

家庭农场是在上地流转、农业经营体制机制创新的基础上发展起来的新型农业经营主体。据统计，目前，全国家庭农场发展的数量已达 87. 7 万个，由此可见，家庭农场具有广泛实用性和强大的生命力。未来的中国农业经营主体，可能主要有家庭农场、专业大户和兼业农户组成，可以肯定的是，我国相当长时间内仍会以小规模经营农户为主，但土地流转形成的、以家庭农场为主要形式的、新型农业经营主体，将是我国商品农产品生产的主体，是我国农业现代化的主体、食品安全监管主体，因而，也是未来我国农业社会化服务体系服务的主体。其未来的发展将呈现以下趋势。

（一）经营运作模式日益科学化

家庭农场的培育应以农户自发形成、政府适当引导为原则，不强求不强制。从经营者角度来说，能经营、会管理，懂技术，敢创新，会沟通，善协调的新型职业农民将是家庭农场的主要经营者。从发展模式角度，因地制宜，结合当地的自然资源特色、文化特色、传统消费习惯种选择发展项目，要积极参与品牌创建工作，形成“品牌+家庭农场”的发展新模式。大力推广种养结合、有机循环模式的家庭农场，最好能把优美的乡村自然景观和观光体验农业，把城市居民的参与、体验、休闲、尝鲜结合进来，发展休闲农业和乡村旅游。在生产上，实现农业生产的规模化、集约化、商品化农业生产。依靠农业科技、机械化等方式，提高和增加农业生产经营过程中的附加价值，延伸经营链条应该是主流。

（二）组织方式由个体走向联合，低端走向高端

从组织的角度来说，家庭农场由个体走向联合，是未来家庭农场发展的重要趋势。通过专业合作社+家庭农场、农业企业+家庭农场、农业企业+专业合作社+家庭农场等方式是家庭农场发展壮大的必然选择。家庭农场“联社”形式可以多样，可以行业性，也可以不分行业联合；经济关系可以松散型的，也可以紧密型的。但整体目的都是实现更高层次的组织化和集合发展。家庭农场联社基本形式，可以“股份合作制”为主。即以一定数量的家庭农场共同出资为基础，组成“家庭农场战略联盟”性质的“经济共同体”或“经营集群”，依靠“联盟成员”集体力量，办一些“产加销、贸工农、多种经营”集成开发一些新产业，争取在更高层次上做强做大产业，并在更高层次上推进农业组织化和规模化。“家庭农场联合体”的产生，是农业现代化建设的希望。

家庭农场的发展，会在新的基础上形成家庭农场之间的联合，也会与农村合作经济以及城镇工商企业进行联合。总之，今后由于家庭农场的发展会与其他部门经济的联系会更紧密，将对国民经济的发展做出更大贡献。

（三）管理上逐步引进现代企业的管理方法和原理

家庭农场主必须按照企业管理模式来核算成本、加强管理、追逐利润，必须要适应市场、开拓市场，由于家庭农场实行规模化、集约化、商品化生产经营，因而具备较强的市场竞争能力。

农场内部生产经营活动要有组织性和计划性，建立明确的绩效考核制度，严格考核家庭农场每位人员在生产经营中实际劳动和物化劳动消耗状况，要把“农场收支”与“家庭收支”等严格分开，正确反映农场劳动生产率和盈利状况。这是确立农场经营信心、改善经营管理，运用新技术、增强竞争紧迫感的重要依据，也是家庭农场实现利润最大化的重要条件。

在重视生产的同时，更要研究营销，不能等靠政府帮助销，要更多地自我走向市场、了解市场、积极主动地开拓市场，真正成为市场竞争的重要主体。家庭农场如果不与现代企业经营制度许多法则原则结合起来，本质上仍是小农的简单放大。国外许多家庭农场所以长久，一个重要原因就是遵循企业化经营规则，以市场配置资源，严格计划和经济核算，同时，十分注意应用新技术和研究市场，追求利润而不是产量的最大化。

（四）生产上日益注重内涵扩大再生产

随着传统农业向现代化农业的转化，家庭农场成员的经营素质将会大大提高。家庭农场劳动者的智能，技能成为改造传统家庭经营的有力手段。今后家庭农场用于改善家庭经营和技术上的费用支出会大幅度增加，家庭农场经营者的价值观也会发生变化，即改善经营和技术的费用投入比增加劳动者和物资设备的费用投入更合算。工业经济的迅速发展，将为家庭农场生产方式的改进，提供重要的条件。可以预见，今后家庭农场会更充分利用工业技术和设备，资金密集型和技术密集型的家庭农场也会更多地出现。因此，内涵型扩大再生产方式，将是家庭农场扩大再生产的主要类型。用增加劳动者数量扩大家庭经营规模的办法，今后会越来越少，更多的是采用新技术，改善经营的办法来增加家庭农场的经济效益。

总之，家庭农场是未来农村发展的一个方向。对消费者意味着可以有更加专业化的农民来提供更安全的食品。对农民意味着可以管理更多土地，进行集约化规范化的经营，一定程度上能解决融资和农产品销售中的一些难题。归纳国内外家庭农场发展实践经验，未来我国家庭农场的发展势必会呈现出：注重科学规划、合理布局，依托资源、差异发展，与时俱进、不断创新，产研结合、周到服务，政府扶持、民间拉动，网络营销、宣传推介，示范带动、强农富民，回报社会、合作共赢，注重生态，着眼长远等趋势。

第六节　家庭农场的经营管理

一、家庭农场的认证管理

家庭农场保证农产品生产质量，不仅可以促进农场增效、家庭增收，而且有助于自身的可持续发展。家庭农场具有提高农产品质量安全的经济动力，也具有提升农产品质量的条件。

进行农产品的农产品“三品一标”认证是农产品标准化、家庭农场进行绿色管理和绿色营销的重要措施。“三品一标”认证是指无公害农产品、绿色食品、有机农产品和农产品地理标志。通俗一点说就是，农产品地理标志主要说明农产品来源于特定地域。无公害农产品、绿色食品、有机食品都是经质量认证的安全食品；无公害农产品是绿色食品和有机食品发展的基础，绿色食品和有机食品是在无公害农产品基础上的进一步提高；无公害农产品、绿色食品、有机食品都注重生产过程的管理，无公害农产品和绿色食品侧重对影响产品质量因素的控制，有机食品侧重对影响环境质量因素的控制。

二、家庭农场的制度管理

（一）家庭农场如何制定内部规章制度

古人云：“没有规矩，不成方圆。”规矩是人类生存与活动的前提与基础，人们总是要在规与矩所成形的范围内活动。世间万事万物都有规矩，小到日常生活，大到国家大事。家需要有家规、行需要有行规、国需要有国法。大到国家的法律法规；小到家庭农场也要制定的《守则》和《规范》。作为家庭农场，虽然有农场主的言传身教，有长期形成的家风家规，但是作为企业式地运营，就必须有合乎一个组织发展目标的规范，只有这样才能让家庭农场更好地发展与进步。

规章制度是管理的需要。规章制度一般是针对已经发生或容易发生的问题制定的，是管理实践的需要，而不是人的主观想象。没有控制的管理就不是管理，所以，管理要借助于制度来进行控制。家庭农场有了制度一定要按照制度执行，如果朝令夕改，或者制度仅仅针对某一个人或者几个人，就失去了制定制度的必要，而且将来再制定规章制度也没有人相信了。

家庭农场需要什么样的内部规章制度呢？一般需要《家庭农场员工规范》《人事制度》，其中包括：培训、入职、考勤、请假、工资保险福利等制度，《财务制度》《车辆管理制度》《公章及合同管理规定》《办公用品领用制度》《车费报销制度》等，按照农场发展不同的阶段，需视具体需要建立一些具体的制度。

（二）家庭农场的发展规划

著名经济学家舒尔茨认为，同企业家一样，农民也是利润最大化的追求者。农民的行为选择，完全符合经济学的理性原则。农民“‘首先是一个企业家，一个商人’，……他购买自己能买得起的东西时非常注意不同市场上的价格，他认真地计算其生产用于销售或家庭消费的谷物时自己劳动的价值，并与受雇工作时的情况加以比较，然后根据计算与比较再行动。”他更激情地指出：传统农民缺乏的不是经济理性，而是廉价的有效投入。“一旦有了投资机会和有效的激励，农民将会点石成金。”所以，农民，尤其是家庭农场主从来就是企业家，具备企业家的精神。做好企业的管理，当然要学会做计划。

美国著名管理学家哈罗德·孔茨说过：“计划工作是一座桥梁，它把我们所处的这岸和我们要去的对岸连接起来，以克服这一天堑。”建设家庭农场并非短期项目，需要做长期的规划，也需要将长期规划分解为各种短期的计划。作为一个家庭农场的管理者，要明白做计划工作是管理活动的桥梁，是组织、领导和控制等管理活动的基础。家庭农场生产经营、市场营销等所有活动均离不开计划。计划工作具有普遍性和秩序性，计划工作是所有管理人员的一种重要职能。而且对于发展中的家庭农场而言，制订一个富于理想而且可以实现的计划，不仅对家庭成员具有激励作用，也提高雇员的士气。

做一份好的计划，需要有五项内容，人们称之为“5W1H”，包括做什么？（What 目标与内容）；为什么做？（Why 原因）；谁去做？（Who 人员）；何地做？（Where 地点）；何时做？（When 时间）；怎样做？（How 方式、手段）。

做一项计划的步骤有四部分，第一是确定目标，第二是认清现在：环境研究（外部环境和内部环境的研究），第三是研究过去：过去决策可能带来的影响并发现其规律，然后是预测并有效地确定计划的重要前提条件，第四是拟订和选择可行的行动计划拟订备选方案、比较和评价备选方案、确定选择原则、选定满意或合理方案。

第七节　家庭农场的政策补贴

一、家庭农场登记扶持政策

一般而言，作为普通民事主体的个体工商户、个人独资企业、合伙企业和有限责任公司在登记时，需要按照有关规定缴纳费用。从目前来看，家庭农场登记在部分地区明确规定免收费用。如河南、山东等地明文规定家庭农场登记免收注册登记费、验照年检费和营业执照工本费；江苏宿迁还出台了家庭农场奖补政策，对在工商部门注册登记、取得营业执照，并经市农业主管部门认定的从事粮食种植的家庭农场，一次性给予补助 10 万元，用于支持家庭农场新建水泥晒场和仓储设施。

二、土地承包经营权流转奖补

各地政府积极促进土地承包经营权向家庭农场流转，如上海、安徽、山东等地均出台了相关政策文件。以上海为例，该市开展了现代农业组织化经营专项奖补试点，对从事粮食生产、种植面积在 100 亩以上、并与自身生产经营能力相匹配的家庭农场，由市、区县财政分别给予每亩 100 元的专项补贴。补贴资金由市财政局拨付给试点区财政局，并由区财政配套后，将市、区县两级奖补资金一并拨付至承包农户一折通（一卡通）

账户。

三、信贷服务扶持

根据中国农业银行发布的《中国农业银行专业大户（家庭农场）贷款管理办法（试行）》的相关规定，单户贷款额度最高可到1 000万元；在贷款用途上，除了满足客户购买农业生产资料等流动性资金需求外，还可以用于农田基本设施建设和支付土地流转费用，贷款期限最长可达5年。除了银行出台政策外，地方政府也在积极完善信贷服务。如青岛市、平度市支持新型农业经营主体以土地经营权抵押融资，

四、农业保险保费补贴

补贴品种：中央财政提供农业保险保费补贴的品种主要有15个，分别是玉米、水稻、小麦、棉花、马铃薯、油料作物、糖料作物、能繁母猪、奶牛、育肥猪、天然橡胶、森林、青稞、藏系羊、牦牛等。

补贴比例：对于种植业保险，中央财政对中西部地区补贴40%，对东部地区补贴35%，对新疆生产建设兵团、中央直属垦区、中储粮北方公司、中国农业发展集团公司（以下简称“中央单位”）补贴65%，省级财政至少补贴25%。对能繁母猪、奶牛、育肥猪保险，中央财政对中西部地区补贴50%，对东部地区补贴40%，对中央单位补贴80%，地方财政至少补贴30%。对于公益林保险，中央财政补贴50%，对大兴安岭林业公司补贴90%，地方财政至少补贴40%；对于商品林保险，中央财政补贴30%，对大兴安岭林业公司补贴55%，地方财政至少补贴25%。

补贴区域：中央财政农业保险保费补贴政策覆盖全国，地方可自主开展相关险种。

五、耕地保护与质量提升补助

国家鼓励和支持种粮大户、家庭农场等新型农业经营主体

及农民还田秸秆，加强绿肥种植，增施有机肥。一是全面推广秸秆还田综合技术。在南方稻作区，主要解决早稻秸秆还田影响晚稻插秧抢种的问题。在华北地区，主要解决玉米秸秆量大，机械粉碎还田后影响下茬作物生长、农民又将粉碎的秸秆搂到地头焚烧的问题。根据不同区域特点，推广应用不同秸秆还田技术模式。二是加大地力培肥综合配套技术应用力度。集成秸秆还田、增施有机肥、种植肥田作物、施用土壤调理剂等地力培肥综合配套技术，在开展补充耕地质量验收评定试点工作和建设高标准农田面积大、补充耕地数量多的省份大力推广应用。三是加强绿肥种植示范区建设。主要在冬闲田、秋闲田较多，种植绿肥不影响粮食和主要经济作物发展的地区，设立绿肥种植示范区。

第五章　农民合作社

党的十八届三中全会提出加快构建新型农业经营体系的重要战略部署。农民合作社是新型农业经营体系的重要组织部分。要紧紧围绕“三农”工作中心任务，以加快转变农业发展方式、构建新型农业经营体系为主线，以促进农业稳定发展和农民持续增收为目标，按照“积极发展、逐步规范、强化扶持、提升素质”的要求，坚持发展与规范并举、数量与质量并重，健全规章制度，加强民主管理，完善扶持政策，强化指导服务，鼓励农民兴办专业合作和股份合作等多元化、多类型合作社，不断提升农民合作社规范化管理水平和自我发展能力，使之成为引领农民参与国内外市场竞争的现代农业经济组织。

第一节　农民合作社的内涵及作用

一、农民合作社的概念

在合作社的发展过程中，合作社的定义在不同历史时期、不同国家有很大的差别。例如，德国经济学家李弗曼（R. Liefmann）认为：“合作是以共同经营业务的办法，并以促进或改善社员家计或生产经济为目的的经济制度。”这种说法是把合作社当做一种制度看，包括的范围也很广。美国合作经济学家巴克尔（J. Baker）认为：“合作社是社员自有自享的团体，全体社员有平等的分配权，并以社员对合作社的利用额为依据分配其盈余，合作社是与私人企业、公司制企业不相同的一种事业。”这个定义从微观的角度提出，接近于当前世界上的普遍看法。德国经济学家戈龙费尔德（E. Grunfeld）认为：“合作是中小经营者基于自己意志的结合；由于共同对私有经济利益的追求，以实现社会政策的目的。这种制度，在其活动的范围内，排斥自由市场经济。”他把合作社看成是一种追求私人利益的同时，实现社会政策目标的经济制度。马克思和列宁认为，合作制就是生产者联合劳动的制度，要以这种制度代替资本主义雇佣劳动制度。可见他们把合作制看成一种社会经济制度。

合作社就其本质意义上来说，是劳动者（包括城市工人、手工业者、农民等）为了共同利益，按照合作社原则和章程制度联合起来共同经营的企业或经济组织。

农民合作社，也称农民合作社，是指农民特别是指以家庭经营为主的农业小生产者，为了维护和改善各自的生产以至生活条件，在自愿互助和平等互利的基础上，遵守合作社的法律和规章制度，联合从事特定经济活动所组成的企业组织形式。

二、农民合作社的类型

农民合作社的类型，可以从不同的角度划分，主要按合作的领域和组织的形式进行分类。

（一）按照合作领域分类

按照合作的领域，农民合作社可以分为以下几种。

（1）生产型合作，包括农业生产全过程的合作、农业生产过程某些环节的合作和农产品加工的合作等。

（2）流通型合作，包括农业生产资料和农民生活资料的供应、农产品的购销、储运等方面的合作。

（3）信用型合作，是农民为解决农业生产和流通中的资金需要而成立的合作组织，如我国现阶段的农村信用社等合作金融组织。

（4）其他类型合作，如消费合作社、合作医疗等。

（二）按照组织形式分类

按照合作的组织形式，农民合作社可以分为以下几种。

（1）农业专业合作，一般是指专业生产方向相同的农户，联合组建的专业协会、专业合作社等，以解决农业生产中的技术问题或农产品的销售问题等。

(2) 社区性合作，是以农村社区为单元组织的合作，如现阶段我国农村的村级合作经济组织。由于社区性合作经济组织与农村行政社区结合在一起，因此它不仅是农民的经济组织，同时还是社区农民政治上的自治组织，是连接政府与农民、农户与社区外其他经济组织的桥梁和纽带。

(3) 股份合作，是农民以土地、资金、劳动等生产要素入股联合组建的合作经济组织。股份合作不受单位、地区、行业和所有制的限制，具有很大的包容性。它是劳动联合与物质要素联合的结合体，在组织管理上实行股份制与合作制的运行机制相结合，分配上实行按劳分配与按股分红相结合。

三、农民合作社的作用

农户组建和参加合作经济组织是希望从合作经济组织获得以下几个方面的利益：第一，合作经济组织使农户的净经济收益最大（包括价格上的优惠和利润返还），这是吸引农户加入的重要原因；第二，生产者希望他们所投资生产的商品有一个稳定的市场；第三，农产品生产者希望通过一个合作经济组织来纠正市场上的价格扭曲。

(1) 增强农户在市场上的力量。目前，我国农户的规模太小，在市场上处于劣势，只能是市场价格的接收者。而加工营销商往往具有较强的实力，在市场上有垄断地位，他们可以根据自身的状况来确定其价格和产量，这样农户就受到市场力量不平衡的影响，得不到其应得利益。小规模农户组成营销合作经济组织之后，在市场上与加工营销商进行交涉的就是规模较大的合作经济组织而非单个农户，这样就增加了其在市场上的力量。

(2) 实现规模经济。合作经济组织可以通过将小规模的家庭经营联合起来以实现规模经济。许多单个农户无法完成的功能可以由合作经济组织来完成，通过合作经济组织可以采用大型机械设备，可以集体收集信息，可以进行广告宣传等。通过合作经济组织实现的规模经济既包括生产领域的合作经济组织，也包括流通领域的合作经济组织，如果是生产领域的合作经济组织可能只实现生产领域的规模经济，流通领域的合作经济组织则可能实现流通领域的规模经济，如果合作经济组织实现从生产到流通领域的纵向一体化，就可能实现这两方面的规模经济。

（3）减轻风险和不确定性。风险和不确定性对农户来说时刻存在，它既包括农业生产的风险，也包括市场上的风险。通过组建合作经济组织可以减轻农户的市场风险，因为它可以使农户生产的农产品有稳定的市场、价格，获得稳定的收益。

第二节　建立和管理农民合作社

一、农民合作社的设立、登记、解散和清算

（一）农民合作社的法人地位

农民合作社作为市场主体，具有独立的法律地位，是其对外开展经营活动的前提，也是其合法权益得以保护的基础。因此法律规定，农民合作社具有法人资格，也就是说它可以独立地进行民事活动，独立地承担责任。入社的农民不用担心一旦入社而又经营亏损，是不是自己多年辛辛苦苦积累的家底都要赔进去了，合作社的财产与个人财产是分开的、各自独立的。

（二）农民合作社的设立条件

农民合作社要成为法人，必须具备如下条件。

（1）农民合作社应当有 5 名以上的成员，其中农民至少应当占成员总数的 80%。成员总数 20 人以下的，可以有 1 个企业、事业单位或者社会团体成员；成员总数超过 20 人的，企业、事业单位和社会团体成员不得超过成员总数的 5%。

（2）有符合规定的章程。

（3）有符合规定的组织机构。

(4) 有符合规定的名称和章程确定的住所。农民合作社的名称应当含有“专业合作社”字样，并符合国家有关企业名称登记管理的规定。农民合作社的住所是其主要办事机构所在地。

(5) 有符合章程规定的成员出资。农民合作社成员可以用货币出资，也可以用实物、知识产权等能够用货币估价并可以依法转让的非货币财产作价出资。成员以非货币财产出资的，由全体成员评估作价。成员不得以劳务、信用、自然人姓名、商誉、特许经营权或者设定担保的财产等作价出资。成员的出资额以及出资总额应当以人民币表示，成员出资额之和为成员出资总额。

(三) 农民合作社的登记

农民合作社经登记机关依法登记，领取农民合作社法人营业执照，取得法人资格。未经依法登记，不得以农民合作社名义从事经营活动。

农民合作社只要具备法律法规规定的设立条件，均可依法向住所地工商部门申请登记，取得法人资格。农民合作社注册登记并取得法人资格后，即获得了法律认可的独立的民商事主体地位，从而具备法人的权利能力和行为能力，可以在日常运行中依法以自己的名义登记财产（如申请自己的字号、商标或者专利）、从事经济活动（与其他市场主体订立合同）、参加诉讼和仲裁活动，并且可以依法享受国家对合作社的财政、金融和税收等方面的扶持政策。农民合作社的登记事项包括名称、住所、成员出资总额、业务范围、法定代表人姓名。

1. 设立登记

设立农民合作社，应当向工商行政管理部门提交下列文件。

(1) 登记申请书。

(2) 全体设立人签名、盖章的设立大会纪要。

(3) 全体设立人签名、盖章的章程。

(4) 法定代表人、理事的任职文件及身份证明。

（5）出资成员签名、盖章的出资清单。

（6）成员名册及成员身份证明。

（7）住所使用证明。

（8）指定代表或委托代理人的证明。

如果业务范围在登记前须经批准，还应当提交批准文件。

2. 变更登记和注销登记

（1）变更登记。已经登记的事项如果发生变更，应及时到原登记机关申请变更登记。

（2）注销登记。办理注销登记的情形包括：①农民合作社的业务范围须经批准，但因特定事由许可证或批准文件被吊销、撤销的或有效期届满的；②经清算组清算结束的；③因合并、分立而解散的。

（四）农民合作社的解散和清算

1. 农民合作社的解散

农民合作社解散是指合作社因发生法律规定的解散事由而停止业务活动，最终使法人资格消灭的法律行为。合作社有下列情形之一的，应当解散。

（1）章程规定的解散事由出现。一般来说，解散事由是合作社章程的必要记载事项，合作社的设立大会在制定合作社章程时，可以预先约定合作社的各种解散事由，如合作社的存续期间、完成特定业务活动等。如果在合作社经营中，规定的解散事由出现，成员大会或者成员代表大会可以决议解散合作社。如果此时不想解散，可以通过修改章程的办法，使合作社继续存续，但这种情况应当办理变更登记。

（2）成员大会决议解散。成员大会是合作社的权力机构，依法有权对合作社的解散事项作出决议。农民合作社召开成员大会，作出解散的决议应当由本社成员表决权总数的 2/3 以上通过。章程对表决权数有较高规定的，从其规定。成员大会决议解散合作社，不受合作社章程规定的解散事由的约束，可以在合作社章程规定的解散事由出现前，根据成员的意愿决议解散合作社。

（3）因合并或者分立需要解散。当合作社吸收合并时，吸收方存续，被吸收方解散；当合作社新设合并时，合并各方均解散。当合作社分立时，如果原合作社存续，则不存在解散问题；如果原合作社分立后不再存在，则原合作社应解散。合作社的合并、分立应由成员大会做出决议。

（4）依法被吊销营业执照或者被撤销。依法被吊销营业执照是指依法剥夺被处罚合作社已经取得的营业执照，使其丧失合作社经营资格。被撤销是指由行政机关依法撤销农民合作社登记。农民合作社向登记机关提供虚假登记材料或者采取其他欺诈手段取得登记的，由登记机关责令改正；情节严重的，撤销登记。当合作社违反法律、行政法规被吊销营业执照或者被撤销的，应当解散。

2. 农民合作社解散后的清算

清算，指农民合作社解散后，依照法定程序清理合作社债权债务，处理合作社剩余财产，使合作社归于消灭的法律行为。清算的目的是保护合作社成员和债权人的利益，除合作社合并、分立两种情形外，合作社解散后都应当依法进行清算。

（1）清算组的成立。因章程规定的解散事由出现、成员大会决议解散或者依法被吊销营业执照、被撤销等原因解散的，应当在解散事由出现之日起15日内由成员大会推举成员组成清算组，开始解散清算。逾期不能组成清算组的，成员、债权人可以向人民法院申请指定成员组成清算组进行清算，人民法院应当受理该申请，并及时指定成员组成清算组进行清算。

（2）清算组的职权。清算组是指在合作社清算期间负责清算事务执行的法定机构。合作社一旦进入清算程序，理事会、理事、经理即应停止执行职务，而由清算组行使管理合作社业务和财产的职权，对内执行清算业务，对外代表合作社。清算组自成立之日起接管农民合作社，负责处理与清算有关的未了结业务，清理财产和债权、债务，分配清偿债务后的剩余财产，代表农民合作社参与诉讼、仲裁或者其他法律程序，并在清算结束时办理注销登记。清算组成员应当忠于职守，依法履行清算义务，因故意或者重大过失给农民合作社成员及债权人造成损失的，应当承担赔偿责任。

（3）清算的程序。第一步，通知、公告合作社成员和债权人。合作社在解散清算时，由清算组通知本社成员和债权人有关情况，通知公告债权人在法定期间内申报自己的债权。为了顺利完成债权登记、债务清偿和财产分配，避免和减少纠纷，清算组应当自成立之日起 10 日内通知本社成员和明确知道的债权人；而对于不明确的债权人或者不知道具体地址和其他联系方式的，由于难以通知其申报债权，清算组应自成立之日起 60 日内在报纸上公告，催促债权人申报债权。但如果在规定的期间内全部成员、债权人均已收到通知，则免除清算组的公告义务。债权人应在规定的期间内向清算组申报债权。债权人申报债权时，应明确提出其债权内容、数额，债权成立的时间、地点，有无担保等事项，并提供相关证明材料，清算组对债权人提出的债权申报应当逐一查实，并做出准确、翔实的登记。

这里需要说明的是，在债权申报期间内，清算组不能对债权人进行清偿，如果清算组在此期间对已经明确的债权人进行清偿，有可能造成后申报债权的债权人不能得到清偿，这是对其他债权人权利的严重侵害。

第二步，制订清算方案。清算组在清理合作社财产、编制资产负债表和财产清单后，应尽快制订包括清偿农民合作社员工的工资及社会保险费用，清偿所欠税款和其他各项债务，以及分配剩余财产在内的清算方案。清算组制订出清算方案后，应报成员大会通过或者人民法院确认。

第三步，实施清算方案。清算方案经农民合作社成员大会通过或者人民法院确认后实施。清算方案的实施必须在支付清算费用、清偿员工工资及社会保险费用，清偿所欠税款和其他各项债务后，再按财产分配的规定向成员分配剩余财产。如果发现合作社财产不足以清偿债务的，清算组应当停止清算工作，依法向人民法院申请破产。

第四步，清算结束办理注销登记。办理完合作社的注销登记，清算组的职权终止，清算组即行解散，不得再以合作社清算组的名义进行活动。

另外需注意，农民合作社接受国家财政直接补助形成的财产，在解散、破产清算时，不得作为可分配剩余资产分配给成员；破产财产在清偿破产费用和公益债务后，应当优先清偿破产前与农民成员已发生交易但尚未结清的款项。

二、农民合作社的治理

（一）农民合作社成员的权利和义务

1. 成员的权利

（1）参加成员大会，并享有表决权、选举权和被选举权，按照章程规定对本社实行民主管理。

（2）利用本社提供的服务和生产经营设施。

（3）按照章程规定或者成员大会决议分享盈余。

（4）查阅本社的章程、成员名册、成员大会或成员代表大会记录、理事会会议决议、监事会会议决议、财务会计报告和会计账簿。

（5）章程规定的其他权利。

2. 成员的基本表决权和附加表决权

成员大会的选举和表决，实行一人一票制，每一个成员不论是农民成员还是法人成员，均享有一票的基本表决权。

附加表决权，是指出资额或者与本社交易量较大的成员，可以享有的超出基本表决权的表决权。但是是否享有附加表决权，要看全体成员共同制定的章程中对此是否加以规定。如果规定此权利，不得超过基本表决权总票数的20%。章程还可以限制附加表决权行使的范围。

3. 成员的义务

（1）执行成员大会、成员代表大会和理事会的决议。

（2）按照章程规定向本社出资。

（3）按照章程规定与本社进行交易。

（4）按照章程规定承担亏损。

（5）章程规定的其他义务。

（二）农民合作社的组织机构

1. 法定组织机构

（1）成员大会。农民合作社的成员大会由农民合作社的全体成员组成，成员大会是农民合作社的权力机构，负责就合作社的重大事项作出决议，集体行使权力。成员大会以会议的形式行使权力，而不采取常设机构或者日常办公的方式。成员参加成员大会是法律赋予所有成员的权利，也是合作社“成员地位平等，实行民主管理”原则的体现，所有成员都可以通过成员大会参与合作社事务的决策和管理。成员大会行使下列职权。

①修改章程。合作社章程的修改，需要由本社成员表决权总数的2/3以上成员通过。

②选举和罢免理事长、理事、执行监事或者监事会成员。理事会（理事长）、监事会（执行监事）分别是合作社的执行机关和监督机关，其任免权应当由成员大会行使。

③决定重大财产处置、对外投资、对外担保和生产经营中的其他重大事项。上述重大事项是否可行、是否符合合作社和大多数成员的利益，应由成员大会来作出决定。

④批准年度业务报告、盈余分配方案、亏损处理方案。年度业务报告是对合作社年度生产经营情况进行的总结，对年度业务报告的审批结果体现了对理事会（理事长）、监事会（执行监事）一年工作的评价。盈余分配和亏损处理方案关系到所有成员获得的收益和承担的责任，成员大会有权审批，成员大会认为方案符合要求的予以批准，反之则不予批准，可以责成理

事长或者理事会重新拟定有关方案。

⑤对合并、分立、解散、清算做出决议。合作社的合并、分立、解散关系合作社的存续状态，与每个成员的切身利益相关。因此，这些决议至少应当由本社成员表决权总数的 2/3 以上通过。

⑥决定聘用经营管理人员和专业技术人员的数量、资格和任期。农民合作社是由全体成员共同管理的组织，成员大会有权决定合作社聘用管理人员和技术人员的相关事项。

⑦听取理事长或者理事会关于成员变动情况的报告。成员变动情况关系到合作社的规模、资产和成员获得收益与分担亏损等诸多因素，成员大会有必要及时了解成员增加或者减少的变动情况。

⑧章程规定的其他职权。除上述七项职权外，章程对成员大会的职权还可以结合本社的实际情况做其他规定。

（2）理事长。农民合作社作为法人进行工商登记后从事生产经营活动，必须从设立起就明确合作社的法定代表人。因此农民合作社法规定，理事长为本社的法定代表人。合作社设理事长是农民合作社法明确规定的，不管合作社的规模大小、成员多少，也不管合作社有无理事会，都要设理事长。

2. 任意组织机构

（1）成员代表大会。农民合作社存在发展规模、成员分布地域等不同情况，要求所有成员在统一的时间内集中在一起召开成员大会往往难以实现。为了保证合作社成员能够依法有效行使民主管理的权力，降低召开成员大会的成本，提高议事效率，农民合作社法规定：成员超过 150 人的农民合作社可以设立成员代表大会。成员总数达到这一规模的合作社可以根据自身发展的实际情况决定是否设立成员代表大会，需要设立成员代表大会的合作社应当在章程中载明相关事项并按照章程的规定设立成员代表大会。

（2）理事会。《中华人民共和国农民专业合作社法》（以下简称《农民专业合作社法》）规定，农民合作社都要设理事长，理事会可以设立，也可以不设立。

合作社规模较小，成员人数很少，没有必要设立理事会的，由一个成员信任的人作为理事长来负责合作社的经营管理工作就可以了，这样有利于精简机构，提高效率。关于合作社是否设立理事会及理事的人数等事项，农民合作社法并未作强制性规定，而由合作社章程规定。理事长、理事会由成员大会从本社成员中选举产生，对成员大会负责，其产生办法、职权、任期、议事规则由章程规定。

（3）监事会或执行监事。执行监事或者监事会是农民合作社的监督机关，对合作社的财务和业务执行情况进行监督。执行监事是指仅由一人组成的监督机关，监事会是指由多人组成的团体担任的监督机关。

农民合作社可以设执行监事或者监事会。农民合作社的监督是由全体成员进行的监督，强调的是成员的直接监督。由此，农民合作社法规定，执行监事或者监事会不是农民合作社的必设机构。如果成员大会认为需要提高效率，可以根据实际情况选择设执行监事或者监事会。是否设执行监事或监事会由合作社在章程中规定。一般来讲，合作社设执行监事的，不再设监事会。

（4）经理。《农民合作社法》规定，农民合作社的理事长或者理事会可以按照成员大会的决定聘任经理。经理应当按照章程规定和理事长或者理事会授权，负责农民合作社的具体生产经营活动。因此经理是合作社的雇员，在理事会（理事长）的领导下工作，对理事会（理事长）负责。经理由理事会（理事长）决定聘任，也由其决定解聘。

农民合作社的理事长或者理事可以兼任经理。理事长或者理事兼任经理的，也应当按照章程规定和理事长或者理事会授权履行经理的职责，负责农民合作社的具体生产经营活动。

总之，经理不是农民合作社的法定机构，合作社可以聘任经理，也可以不聘任经理；经理可以由本社成员担任，也可以从外面聘请。是否需要聘任经理，由合作社根据自身的经营规模和具体情况而定。聘任经理或者由理事长、理事兼任经理的，由经理按照章程规定和理事长或者理事会授权，负责农民合作社的具体生产经营活动；否则，由理事长或者理事会直接管理农民合作社的具体生产经营活动。

（三）农民合作社的章程

农民合作社的章程由全体设立人制定，所有加入该合作社的成员都必须承认并遵守。章程应当采用书面形式，全体设立人在章程上签名、盖章。农民合作社的章程是农民合作社自治特征的重要体现，因此，对于农民合作社的重要事项，都应当由成员协商后规定在章程之中。

修改章程要经成员大会做出修改章程的决议，并应当依照农民合作社法的规定，由本社成员表决权总数的 2/3 以上通过。章程也可以对修改章程的程序和表决权数做出更严格的规定，这也是为了保证章程的相对稳定。

农民合作社章程应当载明下列事项。

（1）名称和住所。

（2）业务范围。

（3）成员资格及入社、退社和除名。

（4）成员的权利和义务。

（5）组织机构及其产生办法、职权、任期、议事规则。

（6）成员的出资方式、出资额。

（7）财务管理和盈余分配、亏损处理。

（8）章程修改程序。

（9）解散事由和清算办法。

（10）公告事项及发布方式。

（11）需要规定的其他事项。

三、农民合作社的财产制度

（一）农民合作社的财产权利

1. 合作社的财产权利

农民合作社法规定，合作社对成员出资、公积金、国家财政补助和社会捐赠形成的财产，享有占有、使用和处分的权利。该规定实质上是明确了合作社对上述财产的独立支配的权利，而不苛求拥有对这些财产的所有权。农民合作社以上述财产对债务承担责任，是合作社行使财产处分权利的重要形式。

2. 成员的财产权利

在农民合作社中，成员的财产权利表现在以下方面。

（1）成员向合作社的出资在本质上是将其个人拥有的财产授权于合作社支配，在合作社存续期间，其作为合作社成员与其他成员以共同控制的方式行使对所有成员出资的支配。

（2）合作社应当为每一个成员设立成员账户，用以记载成员出资、公积金份额和交易量（额），作为成员参加盈余分配的重要依据，同时也说明了成员对其出资和享有的公积金份额拥有终极所有权。《农民合作社法》规定，成员资格终止的，农民合作社应当按照章程规定的方式和期限，退还记载在该成员账户内的出资额和公积金份额；对成员资格终止前的可分配盈余，依照该法第 37 条第二款的规定向其返还。同时，明确规定资格终止的成员应当按照章程规定分摊资格终止前本社的亏损及债务。

（二）农民合作社的成员账户制度

成员账户是指农民合作社在进行某些会计核算时，要为每位成员设立明细科目分别核算。根据农民合作社法的规定，成员账户主要包括 3 项内容：一是记录成员出资情况；二是记录成员与合作社交易情况；三是记录成员的公积金变化情况。这些单独记录的会计资料是确定成员参与合作社盈余分配、财产分配的重要依据。

（三）农民合作社的盈余分配制度

合作社盈余的分配，主要应根据交易量（额）的比例进行返还，按交易量（额）比例返还的盈余不得低于可分配盈余的60%。例如农产品销售合作社，如果成员都不通过合作社销售农产品，合作社就收购不到农产品，也就无法运转。对于农业生产资料合作社，如果成员不通过合作社购买生产资料，合作社也就失去了存在的必要。因此，成员享受合作社服务的量（即与合作社的交易量）就是衡量成员对合作社贡献的最重要依据。成员与合作社的交易量也就是产生合作社盈余的最重要来源（当然，成员出资也扮演了重要角色）。

按交易量（额）的比例返还是盈余返还的主要方式，但不是唯一途径。根据农民合作社法的规定，合作社可以根据自身情况，按照成员账户中记载的出资和公积金份额，以及本社接受国家财政直接补助和他人捐赠形成的财产平均量化到成员的份额，按比例分配部分利润。

在现实中，一个合作社中成员出资不同的情况大量存在。在我国农村资金比较缺乏，合作社资金实力较弱的情况下，必须足够重视成员出资在合作社运作和获得盈余中的作用。适当按照出资进行盈余分配，可以使出资多的成员获得较多的盈余，从而实现鼓励成员出资、壮大合作社资金实力的目的。此外，成员账户中记载的公积金份额、本社接受国家财政直接补助和他人捐赠形成的财产平均量化到成员的份额，也都应当作为盈余分配时考虑的依据。这是因为，补助和捐赠的财产是以合作社为对象的，而由此产生的财产则应当归全体成员所有，并可以作为盈余分配考虑的依据。

（四）农民合作社的财务管理制度

农民合作社的财务制度合理健全与否直接关系到合作社能否健康有序运行，同时关系到成员的切身利益。农民合作社法主要从以下 5 个方面进行了规定。

（1）农民合作社应当按照国务院财政部门制定的财务会计制度进行会计核算。

（2）农民合作社实行财务公开制度，理事长或者理事会应当按照章程规定，组织编制年度业务报告、盈余分配方案、亏损处理方案以及财务会计报告，以供成员查阅。

（3）实施成员账户制度，为每一个合作社的成员建立账户，明确记载该成员的出资、公积金以及与其所在合作社的交易量（额），以保护每一个成员的财产权。

（4）对于农民合作社与其成员和非成员之间的交易实行分别核算制度。这一方面体现了农民合作社区别于其他经济组织的本质特征，另一方面也保证了国家扶持政策的有效落实。

（5）合作社应当设立不可分割的公共积累，以满足合作社发展的资金需求。同时对农民合作社的公积金制度也做了比较灵活的处理：一是是否提取公积金由合作社自己决定，即不设置法定公积金制度；二是提取的公积金应当量化到每一个成员，记载在成员账户中，并作为成员参与盈余分配的依据，以保护成员的财产权利；三是成员退社时，可以按照成员账户中的记载，带走其出资和相应的公积金。

第三节　农民合作社的发展现状

一、综合性农协

（一）组织体系构建

以供销社、信用社和专业合作社为依托，融入其他为农服务的组织资源，包括加工企业和技术服务组织等，构建综合性农协组织体系。农协应根据区域农业的发展特点及农村实际需要，按照扩大规模、减少组织层次的原则，设立多层级组织体系，可以以行政区域设置，也可以跨区域设置。综合性农协设有金融、购销、加工、互助、技术和信息 5 个服务平台，各个服务平台灵活运用合作制、股份合作制或股份制原则，构建利益协调机制和产权联结机制。

（二）农协定位

农协是综合性的服务组织，设有5个服务平台，各个平台之间分工负责、密切协作，共同承担起为农户和农村社区服务的任务，做到农民需要什么服务，就提供什么服务。

农协是政府与专业合作社和其他服务组织之间的桥梁和纽带，它具有行业协会的性质，赋予农协相应的职能，这些职能可以包括参与农产品产品质量监督和政策制定，协调农产品生产、销售、加工环节的利益分配关系，组织与其他产业化组织开展战略合作等。

二、农民合作社联合组织体系构建

（一）组织体系构建

农民合作社联合组织体系，应以农业主导产品或产业为基础，设计多个组织体系，每个组织体系根据产品和服务的特点，设计成区域性、省级或全国性农民合作社联合组织体系，上一级农民合作社联合社为下一级农民合作社联合社及农民合作社提供专业方面的服务。

（二）农民合作社联合组织体系定位

农民合作社联合社是一个专业性质的服务组织，围绕某一产品或同类产品开展技术、信息、指导、加工、储藏等方面的服务，可设有信息、技术、加工、储藏、展销服务平台，共同承担起为专一产品或同类产品专业合作社提供相应服务的职责，单一合作社无法完成或者较难完成的任务，由农民合作社联合会提供解决方案和组织支持。

农民合作社联合组织体系与综合性农协是相互补充、分工协作的关系，在纵向联合的基础上，与综合性农协相互协作和对接。农民合作社联合组织体系负责单一产品或同类产品的技术、信息、指导、加工、储藏等服务，共同解决某一产品的加工和储藏问题、专业技术和信息服务，为农民合作社提供指导和咨询服务。综合性农协主要解决农民所面临的共性服务内容，包括金融、社区生活、加工、生产资料等方面服务，而且综合性农协的加工服务是深层次的加工服务。

第四节　农民合作社的政策补贴

一、产业政策倾斜

《农民专业合作社法》第49条规定，国家支持发展农业和农村经济的建设项目，可以委托和安排有条件的有关农民专业合作社实施。只要适合农民专业合作社承担的涉农项目，都应将农民专业合作社纳入申报范围，明确申报条件。

（一）申报条件

农民专业合作社承担相关涉农项目应具备以下条件。

（1）经工商行政管理部门依法登记并取得农民专业合作社法人营业执照。

（2）有符合法律、法规规定的组织机构、章程和财务管理等制度。

（3）经营状况和信用记录良好。

（4）符合有关涉农项目管理办法（指南）规定的各项条件。

（二）申报程序

符合条件的农民专业合作社可以按照政府有关部门项目指南的要求，向项目主管部门提出承担项目申请，经项目主管部门批准后实施。

（三）申报优势

（1）合作社重点享受国家政策倾斜。国家各项惠农政策的扶持主体正逐渐从农业企业向农民专业合作社倾斜。

（2）合作社拥有“对话政府”的权利。合作社项目申报间接拥有着与政府直接对话的权利。因为合作社直接代表农民群体，与政府的关系是指导、扶持和服务的关系，不是领导与被领导的关系。合作社主管部门以项目申报标准和要求指导合作社规范化、规模化发展，合作社通过项目申报向政府反映生产经营状况、社员合作关系、农民的基本诉求。

（3）合作社项目申报门槛低，机会大。合作社相比公司申报项目，成功机会更大。国家各项惠农政策不断往农民专业合作社倾斜，扶持项目逐年增加，扶持资金逐年增长，合作社受益范围随之扩大。

（4）申报材料简易，编撰难度低。相关部门充分考虑合作社的特殊情况，最大限度地简化了合作社申报项目的材料要求。

二、财政扶持政策

（一）优先获得农机购置补贴

国家明确规定农民专业合作社购买农机具优先给予补贴。

（二）提高省储粮交售奖励标准

在省储粮交售奖励上，我国部分地区也重点扶持农民专业合作社，奖励标准比一般农户要高。

（三）发放“农机作业券”

有的地区以“农机作业券”形式支持农民专业合作社。如浙江省衢州市规定，对本区域应用水稻机械化插秧、油菜机械化收获作业的农户，给予每亩 40 元的补贴；对接受具有一定规模（服务面积达到 500 亩）以上的植保、粮食、农机等合作社病虫害统一防治的农户，给予每亩 40 元的补贴。上述补贴以“农机作业券”的形式发放，其中浙江省财政负担 60%，市县负担 40%。

（四）专项经费扶持

部分地区还对合作社加强自身建设提供经费支持。如重庆市涪陵区先后启动区级农民专业合作社示范补助项目和品牌建设奖励项目，对每个示范社给予 5 万元的财政补助，对通过无公害农产品、绿色食品、有机食品质量认证的合作社分别给予 3 万元、5 万元和 10 万元的奖励。

（五）为合作社提供更优的服务

地方政府为合作社提供更多的技术服务和生产资料支持。如江西省樟树市通过零距离办证、上门技术服务、免费测土施肥等服务，使合作社享受到优于一般农户的服务和支持，同时当地农业局还免费向合作社提供良种，并经常向合作社赠送肥料等生产资料。

三、金融扶持政策

《农民专业合作社法》第 51 条规定，国家政策性金融机构和商业性金融机构应当采取多种形式，为农民专业合作社提供金融服务。

四、税收优惠政策

根据《财政部国家税务总局关于农民专业合作社有关税收政策的通知》规定，对农民专业合作社的税收政策可按下列情况办理。

（1）对农民专业合作社销售本社成员生产的农业产品，视同农业生产者销售自产农业产品免征增值税。

（2）增值税一般纳税人从农民专业合作社购进的免税农产品，可按 13%的扣除率计算抵扣增值税进项税额。

（3）对农民专业合作社向本社成员销售的农膜、种子、种苗、化肥、农药、农机、免征增值税。

（4）对农民专业合作社与本社成员签订的农业产品和农业生产资料购销合同，免征印花税国家和地方每年都要设置一定的财政专项资金，用于支持农业产业化发展，其中就有对农业企业尤其是龙头企业扶持的资金。财政专项资金的使用主要体现在对农业企业的项目扶持上。

（一）农业综合开发产业化经营项目

其主要有经济林及设施农业种植、畜牧水产养殖等种植养殖基地项目，农产品加工项目，储藏保鲜、产地批发市场等流通设施项目。规定在工商部门注册1年以上、具备可持续经营能力的龙头企业，均可申报产业化经营项目。单个财政补助项目的财政资金申请额度不高于自筹资金额度，单个贷款贴息项目的贷款额度一般不高于1亿元人民币。申请额度下限由各省根据实际情况自行确定。

（二）菜果茶标准化创建项目

2018年继续开展园艺作物标准园创建，在蔬菜、水果、茶叶专业村实施集中连片推进，实现由“园”到“区”的拓展。在资金安排上，加大对种植大户、专业化合作社和龙头企业发展标准化生产的支持力度，推进蔬菜生产的标准化、规模化、产业化。

（三）畜牧标准化规模养殖项目

2014年，中央财政共投入资金38亿元支持发展畜禽标准化规模养殖。其中，中央财政安排25亿元支持生猪标准化规模养殖小区（场）建设，安排10亿元支持奶牛标准化规模养殖小区（场）建设，安排3亿元支持内蒙古、四川、西藏、甘肃、青海、宁夏、新疆以及新疆生产建设兵团肉牛肉羊标准化规模养殖场（小区）建设。支持资金主要用于养殖场（小区）水电路改造、粪污处理、防疫、挤奶、质量检测等配套设施建设等。2018年国家继续支持奶牛、肉牛和肉羊的标准化规模养殖。

（四）动物防疫补贴

对农业企业而言，一是重大动物疫病强制免疫疫苗补助，国家对高致病性禽流感、口蹄疫、高致病性猪蓝耳病、猪瘟、小反刍兽疫等动物疫病实行强制免疫政策；强制免疫疫苗由省级政府组织招标采购；疫苗经费由中央财政和地方财政共同按比例分担，养殖场不用支付强制免疫疫苗费用。二是畜禽疫病扑杀补助，国家对高致病性禽流感、口蹄疫、高致病性猪蓝耳病、小反刍兽疫发病动物及同群动物和布鲁氏菌病、结核病阳性奶牛强制扑杀给养殖者造成的损失予以补助，补助经费由中央财政、地方财政和养殖场按比例承担。三是养殖环节病死猪无害化处理补助，国家对年出栏生猪50头以上，对养殖环节病死猪进行无害化处理的生猪规模化养殖场（小区），给予每头80元的无害化处理费用补助，补助经费由中央和地方财政共同承担。四是生猪定点屠宰环节病害猪无害化处理补贴。国家对屠宰环节病害猪损失和无害化处理费用予以补贴，病害猪损失财政补贴标准为每头800元，无害化处理费用财政补贴标准为每头80元，补助经费由中央和地方财政共同承担。

（五）“双百”市场工程

商务部启动了“双百”市场工程，支持100家大型农产品批发市场和100家大型农产品流通企业，建设或改造配送中心、仓储、质量安全、检验检测、废弃物处理及冷链系统等。政策支持方向是重点支持农产品批发市场进行冷链、质量安全可追溯、安全监控、废弃物处理等准公益性设施以及交易厅棚、仓储物流、加工配送、分拣包装等经营性设施建设和改造；支持农贸市场进行交易厅棚、冷藏保鲜、卫生、安全、服务等设施建设和改造。

（六）农产品现代流通综合试点

此项目扶持方向是支持农产品批发市场改造升级，完善功能；支持农贸市场提档升级；支持大型连锁超市与从事鲜活农产品生产的农民专业合作社或农业产业化龙头企业开展农超对接；支持探索和创新农产品流通模式。试点地区包括江苏、浙江、安徽、江西、河南、湖南、四川、陕西等省。

第五节 农民合作社的管理机制和经营机制创新

一、合作社组织管理机制建设

（一）建立健全积累机制

法律规定对成员出资额没有下限，加上出资方式多样，且不需要验资，带来成员出资额少且实际到位率低的问题。重利润共享、轻风险共担，极大影响了合作社法人财产权的壮大，不利于增强扩大再生产能力和提高对外交往的信用水平。合作社要充分运用章程，对成员出资额做出明确规定，尽量提高成员出资水平，保证出资额到位；正确处理分配和积累的关系，建立健全合作社分配积累机制；完善公积公益金、风险基金提取和利润留成制度，建立健全合作社法人财产的科学增长机制，切实提高扩大再生产能力；加强合作社资产清查管理，建立健全资产登记簿制度，加大资产管护力度，防止因管理不严导致资产损耗损毁、流失或被侵占；加强合作社经营管理人才的引进和积累，充分运用省政府对大学毕业生从事现代农业的补助政策，引进大学毕业生到合作社工作，着力提升合作社经营管理水平。

（二）建立健全决策机制

法律规定合作社的权力机构是全体成员大会，成员 150 人以上的方可设立成员代表大会，成员大会决策成本高、效率低，难以有效抓住发展机遇。为提高合作社决策效率，需要健全以章程为依据、以理事会为中心的“代议制”决策机制。即通过章程，依法明确理事会、经理层、成员代表大会、成员大会分级决策的内容事项、相关程序和方式方法。在决策程序上，对紧急而重大的决策可由理事会提请、成员入户审议（代表）签字（可以签同意、不同意或弃权）的方式进行；在决策方式上，可以采取公告无异议的方式，降低讨论和集中开会的成本。加强章程的宣传，使章程规定的决策制度成为全体成员遵循的规则，成为理事会代表大多数成员意志行使权力的依据，在合作社内部形成相对集中又体现民主的决策机制，使理事会成为合作社的经营中心和利润中心。

（三）建立健全组织结构

法律对合作社组织结构建设缺少具体规定，实践中不少合作社实行理事会直管制，不利于扩大规模及提高管理效率。为此，要根据合作社业务发展和规模扩大实际，推进合作社组织管理结构再造，改变理事会“眉毛胡子一把抓”，忙于琐事、疏于管理的状况，因社而异采取直线制、直线职能或事业部制的组织结构设计。直线制，就是将众多成员进行分层管理，根据地域等划分，设立分社或小组，形成合作社—分社—小组的管理结构，理事会将任务分配到分社，由分社组织开展生产和服务，分社再将相关任务分配到小组，由小组成员实施生产服务。直线职能制，就是在直线制基础上，根据合作社的不同任务和服务内容，在理事会下设办公室、财务部、营销部、技术服务部、物资采购部等职能部门，将理事会部分职能授权于这些部门，分社和职能部门统一对理事会负责，职能部门可以对分社进行业务指导。事业部制，适合地域广、生产相对独立、产业链相对较长的合作社，实行分级管理、分级核算、自负盈亏，合作社总部保留人事决策、预算控制和监督权，并通过利润、产品调配等对事业部进行控制。

（四）建立健全激励机制

着力在合作社内部构建管理者和生产者“同呼吸共命运”的利益共同体，更好地发挥内部利益相关者的主动性、积极性和创造性。对管理者，鼓励倡导其依法入大股，或者在总生产服务中占有较高比例，使生产服务性收入成为管理者的主要收入，确保其为合作社出大力；实行薪酬制，根据管理者工作量（或误工量）大小和生产经营目标任务完成情况，采取固定补贴、基本工资加奖金、实误实记等方式给付薪酬；实行承包制或经济责任制，防止管理者干好干坏一个样、吃大锅饭。如桐庐钟山蜜梨专业合作社根据成员生产成本加适当利润，确定一个“出社价”，市场销售超出“出社价”部分按一定比例归营销者所有，有力提高了营销管理人员的积极性。对生产者，合作社要多为成员服务，包括生产和非直接生产服务，平时多走访、多调研成员，对困难成员多提供帮助，适当组织相关文体活动，提高成员的关注度和自豪感；经常性开展先进评比活动，对应用先进技术好、节本增效好、生产水平高的及时给予表彰；在成员中实行成本核算制，尤其是实行免费提供种子种苗和相关农资的合作社，鼓励成员加强生产管理、节约农资、提高生产效率。

（五）建立健全约束机制

主要是加强对成员生产和管理者经营行为的约束。对管理者，要全面建立岗位责任制，将章程规定的理事长、理事会成员、具体管理者的职权和责任进一步细化，防止管理者不作为；强化理事会向成员（代表）大会定期报告制度，接受成员的审议和监督，防止管理者乱作为；健全合作社财务清理和审计制度，提高财务运行规范化水平，防止管理者不作为或乱作为导致合作社资产流失。对成员，改变目前权利与义务不对称的客观实际，健全完善入社和退社机制，明确入退社条件和程序，强化成员遵章守纪管理，对于违反生产管理规定的成员，及时给予批评教育、通报和警告并承担相应责任，对屡教不改或给合作社的声誉或生产经营造成重大损失的成员，劝其退社或开除成员资格，从而维护合作社的正常生产经营秩序和声誉。

二、合作社经营机制的创新

（一）从劳动要素、土地要素、资本要素集聚入手，创新规模化经营机制

1. 创新成员发展机制，提升生产者成员规模

成员的联合是合作社的天然属性，农民成员越多，合作社

的存在价值越高、社会影响力也越大，尽可能吸收农民入社是发展合作社的基本要求。要以普通纯农户为基础，专业大户为重点，积极发动和吸收周边同类或相似产品生产经营服务者入社，壮大生产者成员队伍。为确保新吸收成员的素质和对参加合作社的适应性，准确把握和运用“入社自愿”原则，在章程中创设符合合作社生产经营实际的入社基本条件和程序。

2. 创新土地集聚机制，提升土地经营规模

“土地是财富之母”，没有一定的土地经营规模，发展壮大就缺少基础。要积极运用土地流转手段，加快创建和扩建核心基地，着力打造合作社的“根据地”。并以“根据地”为核心，以成员自主经营土地为紧密联结基地，以非成员经营土地为辐射带动基地，努力形成多层次的规模经营。

3. 创新资本集聚机制，提升合作社资产规模

资产规模是衡量合作社实力和信用的重要标准，也是合作社发展壮大的重要基础。倡导和鼓励全体成员多出资，增强成员对合作社的归属感，支持骨干成员在法定范围内入大股，使骨干人员成为合作社的精英力量和主要管理者，激发其出大力，扩大成员出资的规模。搞活信贷融资机制，充分运用金融机构支农政策，通过授信贷款、订单质押贷款、流转后土地承包经营权抵押贷款等途径进行融资，扩大合作社信贷资产规模。

（二）从产前服务、产中服务、产后服务提升入手，创新一条龙服务机制

1. 创新产前服务机制，服务成员生产准备

主要从成员需求较强烈的农资采购供应、土地租赁流转、资金周转服务三个方面抓好服务。加强农资采购合作，灵活采取团购、自营等方式，提高农药、化肥、饲料、种子、种苗等农资统一供应水平，确保能便捷及时配送到成员和农户手中；加强对成员流转土地的服务，鼓励和协助成员扩大生产规模，并同步统筹安排全体成员的生产经营布局；加强成员信用合作，

倡导合作社和成员共同出资设立互助专项资金，运用成员联名担保等方式向成员发放短期周转资金，提高成员正常开展生产经营活动的能力。推动合作社在内部全新打造“供销合作、作业合作、信用合作”三位一体服务体系。

2. 创新产中服务机制，服务成员生产作业

主要从成员和农户生产各作业环节的细分服务入手，抓好全程专业服务。根据合作社产品的生产环节构成情况，因社制宜发展育种育苗、机耕播种、土肥植保、疫病防控、排灌、机收烘干等服务内容，灵活采取全程式或菜单式服务方式，着力形成一站式、一条龙的服务机制，通过服务提升成员生产的组织化、协同化发展。结合产品生产的技术特点和相关新品种、新技术推广的需要，积极借助科研院所、农技推广部门、合作社专业技术人员等力量，加强对成员的技能培训和指导服务，确保其生产过程达到技术标准要求。结合实际探索发展自主、外包、定点等不同方式的农机具维修服务。

3. 创新产后服务机制，服务成员收益实现

主要以服务成员生产劳动价值实现为目的，建立健全收购销售及相关配套机制。采取定点收购、上门收购或相互结合的方式，加强统一收购服务，确保产品在成员手上不积压、不变质，在成员交售产品或市场销售实现后及时兑现收购资金。综合运用订单合同、市场直销、门店展销、“农超对接”、网络营销等渠道，着力拓展和形成多层次、宽领域、全方位的产品销售渠道；根据产品定位和利润空间大小，进行市场细分和分级销售，有选择、有重点、有结合地开发低端或中高端客户，着力开辟经销商欢迎、消费者追捧、适销对路的细分市场。

（三）从组织规范、生产规范、管理规范提升入手，创新规范化运行机制

1. 推进组织规范化，彰显合作制属性

合作社是劳动联合基础上以产品交售和服务利用为中心的

市场主体。合作社要在依法设立和运作基础上，针对成员联结松散，有“合作之名”、少或无“合作之实”的现象，着重创新和改进成员对合作社的产品交售和服务使用机制，提高成员产品统一交售率，提高成员对合作社提供服务的使用率，增强合作社与成员之间生产经营行为和利益联结紧密度，彰显合作之实。

2. 推进生产规范化，顺应标准化潮流

标准化是实现产品质量可控、可追溯和生产方式可重复、可推广的必然选择。建立健全覆盖生产作业各环节、全过程的操作规程和衡量标准，推行“环境有监测、操作有规程、生产有记录、产品有检验、包装有标识、质量可追溯”的全程标准化生产。已有国家或地方标准的，要严格按照标准组织开展生产，尚无相关标准的，要积极主动创设标准，获取制标优势引领本产业本行业率先发展。

3. 推进管理规范化，确保制度化发展

在发挥合作社能人、精英和骨干的带领作用的同时，转变“制度是死的、人是活的”“没有制度、照样能搞好管理”的错误思想，树立和强化用制度管人、管事、管权的意识，推动民主管理制度、财务管理制度、日常经营管理制度等的建立健全和实施落实，提高合作社制度化管理水平。推动合作社社务公开，创新公开方法和形式，重点公开财政扶持项目资金使用、合作社工程项目建设、财务收支、成员交易额等情况，提高合作社公信力。

第六章　农业产业化龙头企业

第一节　农业产业化龙头企业的概述

一、农业产业化的概念

农业产业化，是指在市场经济条件下，以经济利益为目标，将农产品生产、加工和销售等不同环境的主体联结起来，实行农工商、产供销的一体化、专业化、规模化、商品化经营。农业产业化促进传统农业向现代农业转变，能够解决当前一系列农业经营和农村经济深层次的问题和矛盾。

二、农业产业化龙头企业的含义

农业产业化龙头企业，是指以农产品生产、加工或流通为主，通过订单合同、合作方式等各种利益联结机制与农户相互联系，带动农户进入市场，实现产供销、贸工农一体化，使农产品生产、加工、销售有机结合、相互促进，具有开拓市场、促进农民增收、带动相关产业等作用，在规模和经营指标方面达到规定标准并经过政府有关部门认定的企业。

三、农业产业化龙头企业的优势

农业产业化龙头企业弥补了农户分散经营的劣势，将农户分散经营与社会化大市场有效对接，利用企业优势进行农产品加工和市场营销，增加了农产品的附加值，弥补了农户生产规模小、竞争力有限的不足，延长了农业产业链条，改变了农产品直接进入市场、农产品附加值较低的局面。还将技术服务、市场信息和销售渠道带给农户，提高了农产品精深加工水平和科技含量，提高了农产品市场开拓能力，减小了经营风险，提供了生产销售的通畅渠道，通过解决农产品销售问题刺激了种植业和养殖业的发展，提升了农产品竞争力。

农业产业化龙头企业能够适应复杂多变的市场环境，具有较为雄厚的资金、技术和人才优势。龙头企业改变了传统农业生产自给自足的落后局面，用工业发展理念经营农业，加强了专业分工和市场意识，为农户农业生产的各个环节提供一条龙服务，为农户提供生产技术、金融服务、人才培训、农资服务、品牌宣传等生产性服务，实现了企业与农户之间的利益联结，能够显著提高农业的经济效益，促进农业可持续发展。

农业产业化龙头企业的发展有利于促进农民增收。一方面，龙头企业通过收购农产品直接带动农民增收，企业与农户建立契约关系，成为利益共同体，向农民提供必要的生产技术指导，提高农业生产的标准化水平，促进农产品质量和产量的提升，保证了农民的生产销售收入，同时也增强了我国农产品的国际竞争力，创造了更多的市场需求。农户还可以以资金等多种要素的形式入股农业产业化龙头企业，获得企业分红，鼓励团队合作，促进农户之间的相互监督和良性竞争。另一方面，农业产业化龙头企业的发展创造了大量的劳动就业岗位，释放了农村劳动力，解决了部分农村劳动力的就业问题。

农业产业化龙头企业的发展提高了农业产业化水平，促进了农产品产供销一体化经营，通过技术创新和农产品深加工，提高资源的利用效率，提高了农产品质量，解决了农产品难卖的问题。改造了传统农业，促进大产业、大基地和大市场的成形，形成从资源开发到高附加值的良性循环，提升了农业产业竞争力，起到了农产品结构调整的示范作用和市场开发的辐射作用，带动农户走向农业现代化。

农业产业化龙头企业是农村的有机组成部分，具有一定的社会责任。龙头企业参与农村村庄规划，配合农村建设，合理规划生产区、技术示范区、生活区、公共设施等区域，并且制定必要的环保标准，推广节能环保的设施建设。龙头企业培养企业的核心竞争力，增强抗风险能力，在形成完全的公司化管理后，还可以将农民纳入社会保障体系，维护了农村社会的稳定发展。

第二节 农业产业化龙头企业的发展现状

一、农业产业化龙头企业的发展背景

随着经济全球化的发展，劳动分工的深化和跨国公司的兴起，经济资源在全球范围内流动和配置。我国与其他国家的贸易往来更加密切，经济的全球一体化，我国农产品关税逐渐降低，为农业产业化龙头企业的发展带来机遇，也带来严峻挑战。

农业产业化龙头企业可以通过引进外资、技术和管理经验提高自身生产经营管理能力。国外农产品进入我国市场也对我国农产品生产起到了示范作用。市场环境促使我国农产品加工程度深化，农产品档次提高。我国农业企业可以借鉴先进经验，发挥后发优势，跟随策略、瞄准目标，提高自身实力，通过规范运作、科学管理、加强创新，发展成为效益优良的现代农业产业化龙头企业。

国外农产品涌入中国市场，给我国农业产业化龙头企业带来更加激烈的市场竞争。其他国家在降低我国农产品关税的同时，也提高了非关税壁垒和检疫检验的要求。由于发达国家的技术法规和标准普遍高于发展中国家，因此，我国农业产业化龙头企业在拓展国际市场时，可能会遭遇更多困难和压力。一方面要面对发达国家要求的技术法规和标准，另一方面要通过结构性和技术性调整适应这种严格标准，这会增加企业的经济负担和成本。就我国目前农业企业的现状来看，规模还都较小，技术含量不高，市场意识和品牌意识较差，在国际竞争中处于劣势地位。要适应全球化的发展就要注重生产技术和创新能力的提高，这样才能打破发达国家的关税壁垒，在国际市场上占有一席之地。

知识经济的兴起，也对我国农业产业化龙头企业的发展产生了影响。知识经济时代下，网络技术充分应用，信息交流的方式有所改变，信息传播速度大幅加快，对企业的生产经营模式产生很大影响。企业发展需要不断加强管理创新，保持组织灵活性以适应日新月异的外部环境。在企业内部要建立通畅的信息交流网络，实现内部信息共享和交流；也要通过现代网络技术构建与外部的交流平台，以及时了解客户需求和市场信息，并及时按照需求变化调整生产经营计划，逐步实现线上交易，节约交易成本。我国的农业企业在此背景下，要面临激烈的技术竞争，也要实现传统产业的升级。尤其是农业产业化龙头企业作为传统农业改造升级的中坚力量，要承担提高农业产出水平和收益水平并维护经济发展和社会稳定的重要职责，龙头企业要积极引进先进科学技术，提高技术水平，加强创新能力，实现持续革新，保持永久活力。同时也要树立品牌意识和危机意识，摆脱对国外先进技术的依附，在市场竞争中争取主动。

我国目前处于快速发展和经济转轨阶段，城市化水平不断提高，对农业产业化龙头企业的发展和定位提出新的要求。人民收入水平不断提高，对健康和安全的关注度增强，对农产品的消费逐步由数量型向质量型转变，对有机食品、无公害食品和绿色食品需求增加，对方便、营养、卫生的标准要求提高，对亲近自然、休闲农业的关注度增强。农业产业化龙头企业要适应这些市场需求的变化，在提高农产品质量、创新产品品种的同时，还要注意满足消费者的个性化需求，并以此为契机争取创新资源，在市场导向的前提下提升战略管理水平，提高盈利能力。

二、农业产业化龙头企业与农户的利益联结机制

农业产业化龙头企业与农户结成利益共同体有以下几种方式。

(1) 农户以土地使用权入股农业产业化龙头企业。农户入

股后得到一定的股份分红收益，农民同时可以从事其他劳动或者成为进城务工人员获取相应的劳动报酬，以此增加农民收入，龙头企业也从中获利。

（2）农民直接以资金形式入股农业产业化龙头企业。农民以自有资金入股企业，获得企业股权，享受相应收益。农民的自有资金来自从事农业生产的收入、进城务工的劳动报酬或其他渠道。

（3）农户以农业机械设备入股农业产业化龙头企业。小农户的农业机械设备会因为自己种植面积过小而难以发挥优势，设备利用率无法保障，但是机械设备适合大面积的农业耕种，入股企业后可以避免机械设备的资源浪费，农民也因为入股增加收入。

（4）农民以农业工人的形式入股农业产业化龙头企业。农民和龙头企业通过签订相关协议、合同，农民变为龙头企业员工，企业为员工发放工资。农民可以获得工资性收入和土地使用权收益，企业可以因为规模效应获得更多利润，农民和企业实现双赢。

（5）农民以科技知识形式入股农业产业化龙头企业。具有特殊农业种植、养殖知识的农民可以以知识产权的形式入股龙头企业，企业吸收农民的相关先进技术和知识。

（6）农户按照自己原来的生产模式生产，但是生产之前与农业产业化龙头企业签署合作协议，农户的农业生产和经营销售按照签订的协议执行。

政府在农业产业化龙头企业和农户合作的过程中发挥着重要作用，尤其是涉及利益分配方面的问题，促进了龙头企业和农户的有效合作。具体而言，政府保证了龙头企业和农户双方的合法利益，构建了合理的利益分享机制，保证双方利益分配合理，只有双方都实现盈利，才能保障合作有序开展。政府也解决了风险分担问题，保证企业和农户双方都承担相应风险，成立风险基金，在出现市场风险时弥补各方损失，从而有效地降低风险。政府还通过法律保障龙头企业和农户的合法权益，规范合作合同，建立良好的法律环境，确保合同高效执行，形成合作共赢的利益联结机制。

三、农业产业化龙头企业的发展效果

农业产业化龙头企业的发展促进了农业科技创新的进步，在农业科技创新中发挥了日益明显的主体作用。大多数的农业产业化龙头企业都拥有自主知识产权的核心技术，且科技创新的水平和层次不断提升，部分龙头企业已经掌握了国内外先进技术，甚至达到国际领先水平，为我国农业科技水平的提高创造了良好的环境，起到了带动作用。

农业产业化龙头企业开拓了国际农产品市场，增强了竞争实力。龙头企业解决了农户小生产面对大市场的难题，注重国内、国际两个市场的并行发展，加大了市场开拓力度。龙头企业还注重品牌建设，走品牌化经营道路，提高了农产品的市场竞争力，提高了农民实际收入，推动了农业产业化发展。

四、农业产业化龙头企业的发展现状

2012 年，国务院出台《关于支持农业产业化龙头企业发展的意见》，明确了扶持龙头企业发展的政策措施。截至 2013 年年底，我国各类龙头企业有近 12 万家，其中，种植业大约占 46.9%，畜牧业大约占 27.4%，水产业大约占 6.6%。以龙头企业为主体的各类产业化经营组织辐射带动了全国 40%以上的农户和 60%以上的生产基地。

我国国家级重点龙头企业分布不均。考虑到地域农业产业化经营的状况，在评定国家级龙头企业时的认定标准有所差异，国家级重点龙头企业代表了各个地域中的最优水平。国家级重点龙头企业的地域分布从华北到西北呈现明显的正态分布，与我国地域经济发展情况基本一致。国家在认证国家级重点龙头企业时，充分考虑了不同地区农业经营水平的差异，保证了国家级重点龙头企业在地区间的合理分配。龙头企业依托生产基

地建设，拓展品牌市场，调动了农户的生产积极性，带动农民增收，辐射范围逐渐扩大。

具体而言，由于自然资源、经济状况等原因，我国东部地区的农业产业化经营发展速度较快，比中部、西部地区规模更大，影响更广。东部地区起步较早，发展较快，从当地的优势资源、技术、人力等方面确定了主导产业，形成商品基地，逐渐扩大规模，形成具有地方特色的农业布局，如山东的蔬菜、肉类，浙江的草莓、蜂产品、淡水产品等。中部地区产业化经营也迅速发展，主导产业逐步形成，如河南西峡县的果、药，湖北京山县的蛋鸡产业等。农业结构调整取得一定进展，商品基地的建设由“一乡一业”“一村一品”逐渐发展为以主导产业为支柱的产业带基地，农业产业化龙头企业的辐射力度逐渐增强，特色农产品的发展也粗具规模。西部地区逐步形成了特色优势产业，如新疆的红色产业（红花、葡萄、番茄等）、白色产业（棉花），四川的生猪、马铃薯，内蒙古的牛奶、羊绒等。但由于传统农业种植观念相对保守落后，农牧民受教育水平较低、青壮年劳动力大量流失、投资环境薄弱、基础设施落后、资金支持缺乏等各种因素的制约，西部地区的生产方式比较粗放，农业的弱质产业性质更为强烈，农业产业化水平相较东部、中部地区普遍较低，辐射带动农户收入的增加值在全国水平线以下。

五、农业产业化龙头企业促进农业技术的推广

随着农业产业化的深入发展，农业产业化龙头企业不断涌现，形成了以此为主导的农业技术推广体系。农业产业化龙头企业发挥专业化、社会化和农科教一体化的协同优势，从多角度提高生产经营和劳动力的整体素质，并且在农业生产的各个环节广泛应用科学技术，提高农产品的科技含量。农业产业化龙头企业借助自身的专业化技术知识和消费网络，将相关的农业技术传播给农户，并将技术知识应用到实际农业生产经营当

中，转变了农业发展方式，促进了农业现代化进程。农业产业化龙头企业与农户联系密切，形成利益共同体，在此过程中，龙头企业采用一系列先进技术手段，提高了农业现代化水平和农业生产效率，降低了劳动监督的费用和难度，将农业生产技术、知识和管理经验分享给农民，与农民一道实现农业产业化的目标。农业产业化龙头企业在生产经营过程中与很多相关的上、下游企业有业务往来，在此供应链上各个节点的合作关系对农业生产经营技术的推广有重要的推动作用。具体来说，农业产业化龙头企业与相关领域的生产经营企业、政府部门、科研院所都有联系，具有创新能力的研发成果构成整个农业技术推广链上的源头，农技知识以此为开端向农户扩散。农业产业化龙头企业在此过程中保证了农业生产经营技术的有效扩散，对涉农供应链进行了高效管理，在日常管理、企业内部流程、品牌形象管理、储备与销售方面实现了规范化和流程化。

在这种一体化的经营模式下，龙头企业和农户有共同的盈利目标，双方共同构成农技推广的动力源。龙头企业期望农户生产的农产品品质更高，因此会将高品质种子、优质化肥等推荐给农户，也会向农户传授先进的农业科技成果。农户生产经营中出现问题时，龙头企业进行技术支持，帮助解决问题；农户为了增加收益会种植市场行情更好的农产品，会主动使用高质量种子，应用现代化种植技术。二者合力推动农业生产经营技术的推广，保证先进技术的转化率，带动相关人员知识和科技素养的提高，促进农产品的规模化和标准化生产。

农业产业化龙头企业采用连锁经营拓展市场，具有规模优势和品牌优势。龙头企业有实力在市、县设立管理站，再以此为扩散源，形成连锁经营模式，降低了成本，提高了品牌效益，还能够保证相关技术服务和农业资讯及时传递到农户手中，而且方便收集相关反馈信息，有利于技术改进。连锁经营的方式使得农业产业化龙头企业融入农村生活，建立基层农业推广站，及时了解对应区域内农户对农业技术的需求，促进了双方的沟通和交流，促进了龙头企业对地方农户的依赖，双方合作关系更加稳固，农民也因此学习到更多有用的农业技术。

农业产业化龙头企业与农户共同获得利益，从而促使二者相互合作。共同利益的来源是知识溢出所创造的价值增值。各个成员获取知识的能力越强，知识链上的成员获得的收益就越多。而且知识链上的成员相互影响，也促使龙头企业吸纳更多农户进入到农技推广体系中来，并且在产前、产中、产后各个环节进行指导。除此之外，没有参加农业产业化龙头企业农技项目的农户也能享受到农技推广的部分好处，农民的知识水平因此得到提高，交易成本降低，合作关系进一步增强。

六、农业产业化龙头企业发展存在的问题

我国农业产业化龙头企业地域间发展不平衡，大部分分布在东部地区，中部、西部地区数量较少，地域性明显。政府对龙头企业的扶持也有待规范。各地虽然出台了很多扶持龙头企业的优惠政策，但是落实得不够。政府对龙头企业的支持大多停留在资金层面，给予人才、科技等方面的支持较少。

农业产业化龙头企业与农户的利益联结机制不够完善。部分龙头企业通过合同农业、订单农业等利益联结机制与农户建立了经济关系，企业和农户都追求自身利益最大化，契约关系不够稳定，当市场价格高于契约价格时，农户不愿意将农产品卖给龙头企业；当市场价格低于契约价格时，龙头企业不愿意大量收购农产品，造成双方较高的违约率。还有一些龙头企业与农户只是市场买卖关系，双方没有稳定的供需关系，要么龙头企业不愿意收购农产品导致农户农产品难卖，要么农户惜售导致龙头企业的原材料得不到保障，因此有效的利益联结机制难以很好地形成。

我国的社会化服务体系无法满足农业产业化龙头企业的需求。我国的土地流转市场、农业科技市场等服务市场体系不够健全，完成交易需要花费大力气，企业在科技、人才战略方面

还需要不断完善。土地流转市场的不健全使得龙头企业建立生产基地时未能广泛征求当地农户意见，与政府的直接谈判，客观上忽视了当地农户的权益，造成很多土地冲突问题。在金融支持方面，商业银行对龙头企业的贷款需求要求严苛，不利于龙头企业获得充足资金，龙头企业发展受到相应阻碍。

就农业产业化龙头企业自身而言，一些企业长期租赁农民土地，但是土地租金偏低。还有一些企业未将转租的土地投入农业生产，而是用于发展园艺、旅游业等，存在非农化、非粮化的现象。相对于农业产业化龙头企业经营的大面积土地而言，其能解决就业的农村劳动力却是少数。龙头企业虽然与农户建立了利益联结模式，但是总体上在龙头企业与农户的利益联结中，农民处于绝对劣势，话语权不够，得到的增值收益很少。农业产业化龙头企业在一定程度上也改变了农民的生活方式，甚至改变农村社会的阶层结构，当农民的业主身份转变为企业雇工时，心理状态、行为方式和生活习惯都会发生较大的变化。此外，作为企业，农业产业化龙头企业以营利为目的，需要实现利润最大化，对土地的利用方式发生改变，可能会对土地肥力、生态环境和可持续发展造成破坏。龙头企业的经营风险可能会导致农民的土地租金受损，造成农业土地复耕难度大，土地入股的农户在企业债务清偿时会遭遇法律难题。尤其是农产品加工类的龙头企业，主要从事农副产品收购、加工和销售，季节性较强，需求量大，收购旺季时资金需求矛盾很突出，融资困难。

七、发展农业产业化龙头企业的有利条件

农业产业化龙头企业具有丰富的自然资源。我国的自然地理环境为农业生产提供了很多可能性。不同地区可以因地制宜，发展支柱产业，打造特色农产品。此外，各地还具有丰富廉价的劳动力资源，农村大量的剩余劳动力，对工资福利和安定程度的要求不高，能够大幅减少企业的雇用成本。

农业产业化龙头企业具有有力的政策支持。龙头企业加快农业产业化发展，带动农民增收，各级政府关注并扶持龙头企业。2000年农业部等八部委颁发《关于扶持农业产业化经营重点龙头企业的意见》，2009年农业部与中国农业发展银行发布《关于支持农业产业化龙头企业发展的意见》，从原料采购、设备引进、农产品收购、固定投资等各个方面给予龙头企业大力支持，一系列的优惠政策为龙头企业的发展提供了良好的政策环境。

农业产业化龙头企业具有经济全球化机遇。随着经济全球化发展，农业产业化龙头企业走向国际有着大量的机遇。国外品牌进入中国市场也通过原材料本土化策略给了龙头企业巨大商机。龙头企业若能抓住机遇，迎接挑战，化解威胁，就能在全球市场中争得一席之地。

农业产业化龙头企业拥有信息化契机。随着网络通信技术的快速发展，龙头企业有条件享受信息化带来的便捷。涉农网站、农村市场信息等逐渐丰富完善，为农业企业提供信息支持。农业产业化龙头企业也可以自建网站，丰富宣传方式，加大宣传力度，促进自身发展和壮大。

第三节　农业产业化龙头企业的申报和认定

一、申报农业产业化龙头企业

根据《农业产业化国家重点龙头企业认定和运行监测管理办法》，申报企业应符合以下基本标准。

1. 企业组织形式

依法设立的以农产品生产、加工或流通为主业、具有独立法人资格的企业。包括依照《公司法》设立的公司，其他形式的国有、集体、私营企业以及中外合资经营、中外合作经营、外商独资企业，直接在工商管理部门注册登记的农产品专业批发市场等。

2. 企业经营的产品

企业中农产品生产、加工、流通的销售收入（交易额）占总销售收入（总交易额）的70%以上。

3. 生产、加工、流通企业规模

总资产规模：东部地区1.5亿元以上，中部地区1亿元以上，西部地区5 000万元以上；固定资产规模：东部地区5 000万元以上，中部地区3 000万元以上，西部地区2 000万元以上；年销售收入：东部地区2亿元以上，中部地区1.3亿元以上，西部地区6 000万元以上。

4. 农产品专业批发市场年交易规模

东部地区15亿元以上，中部地区10亿元以上，西部地区8亿元以上。

5. 企业效益

企业的总资产报酬率应高于现行一年期银行贷款基准利率；企业应不欠工资、不欠社会保险金、不欠折旧，无涉税违法行为，产销率达93%以上。

6. 企业负债与信用

企业资产负债率一般应低于60%；有银行贷款的企业，近两年内不得有不良信用记录。

7. 企业带动能力

鼓励龙头企业通过农民合作社、专业大户直接带动农户。通过建立合同、合作、股份合作等利益联结方式带动农户的数量一般应达到：东部地区4 000户以上，中部地区3 500户以上，西部地区1 500户以上。

企业从事农产品生产、加工、流通过程中，通过合同、合作和股份合作方式从农民、合作社或自建基地直接采购的原料或购进的货物占所需原料量或所销售货物量的70%以上。

8. 企业产品竞争力

在同行业中企业的产品质量、产品科技含量、新产品开发能力处于领先水平，企业有注册商标和品牌。产品符合国家产业政策、环保政策，并获得相关质量管理标准体系认证，近两年内没有发生产品质量安全事件。

9. 申报企业原则上应是农业产业化省级重点龙头企业

符合以上第 1、2、3、5、6、7、8、9 条要求的生产、加工、流通企业可以申报作为农业产业化国家重点龙头企业；符合以上第 1、2、4、5、6、8、9 条要求的农产品专业批发市场可以申报作为农业产业化国家重点龙头企业。

10. 企业申报提供的材料

（1）企业的资产和效益情况须经有资质的会计师事务所审定。

（2）企业的资信情况须由其开户银行提供证明。

（3）企业的带动能力和利益联结关系情况须由县以上农经部门提供说明。应将企业带动农户情况进行公示，接受社会监督。

（4）企业的纳税情况须由企业所在地税务部门出具企业近 3 年内纳税情况证明。

（5）企业质量安全情况须由所在地农业部门提供书面证明。

11. 申报程序

（1）申报企业直接向企业所在地的省（自治区、直辖市）农业产业化工作主管部门提出申请。

（2）各省（自治区、直辖市）农业产业化工作主管部门对企业所报材料的真实性进行审核。

（3）各省（自治区、直辖市）农业产业化工作主管部门应充分征求农业、发改、财政、商务、人民银行、税务、证券监管、供销合作社等部门及有关商业银行对申报企业的意见，形成会议纪要，并经省（自治区、直辖市）人民政府同意，按规定正式行文向农业部农业产业化办公室推荐，并附审核意见和相关材料。

二、农业产业化龙头企业的认定

由农业经济、农产品加工、种植养殖、企业管理、财务审计、有关行业协会、研究单位等方面的专家组成国家重点龙头企业认定、监测工作专家库。

在国家重点龙头企业认定监测期间，从专家库中随机抽取一定比例的专家组建专家组，负责对各地推荐的企业进行评审，对已认定的国家重点龙头企业进行监测评估。专家库成员名单、国家重点龙头企业认定和运行监测工作方案，由农业部农业产业化办公室向全国农业产业化联席会议成员单位提出。

国家重点龙头企业认定程序和办法如下。

（1）专家组根据各省（自治区、直辖市）农业产业化工作主管部门上报的企业有关材料，按照国家重点龙头企业认定办法进行评审，提出评审意见。

（2）农业部农业产业化办公室汇总专家组评审意见，报全国农业产业化联席会议审定。

（3）全国农业产业化联席会议审定并经公示无异议的企业，认定为国家重点龙头企业，由八个部门联合发文公布名单，并颁发证书。

第四节　农业产业化龙头企业的政策补贴

支持符合条件的龙头企业开展中低产田改造、高标准基本农田、土地整治、粮食生产基地、标准化规模养殖基地等项目建设，切实改善生产设施条件。国家用于农业农村的生态环境等建设项目，要对符合条件的龙头企业原料生产基地予以适当支持。

支持龙头企业带动农户发展设施农业和规模养殖，开展多种形式的适度规模经营，充分发挥龙头企业示范引领作用。深入实施“一村一品”强村富民工程，支持专业示范村镇建设，为龙头企业提供优质、专用原料。支持符合条件的龙头企业申请“菜篮子”产品生产扶持资金。龙头企业直接用于或者服务于农业生产的设施用地，按农用地管理。鼓励龙头企业使用先进适用的农机具，提升农业机械化水平。

鼓励龙头企业开展粮棉油糖示范基地、园艺作物标准园、畜禽养殖标准化示范场、水产健康养殖示范场等标准化生产基地建设。支持龙头企业开展质量管理体系和无公害农产品、绿色食品、有机农产品认证。有关部门要建立健全农产品标准体系，鼓励龙头企业参与相关标准制定，推动行业健康有序发展。

鼓励龙头企业引进先进适用的生产加工设备，改造升级储藏、保鲜、烘干、清选分级、包装等设施装备。对龙头企业符合条件的固定资产，按照法律法规规定，缩短折旧年限或者采取加速折旧的方法折旧。对龙头企业从事国家鼓励发展的农产品加工项目且进口具有国际先进水平的自用设备，在现行规定范围内免征进口关税。对龙头企业购置符合条件的环境保护、节能节水等专用设备，依法享受相关税收优惠政策。对龙头企业带动农户与农民合作社进行产地农产品初加工的设施建设和设备购置给予扶持。

鼓励龙头企业合理发展农产品精深加工，延长产业链条，提高产品附加值。认真落实国家有关农产品初加工企业所得税优惠政策。保障龙头企业开展农产品加工的合理用地需求。

支持龙头企业以农林剩余物为原料的综合利用和开展农林废弃物资源化利用、节能、节水等项目建设，积极发展循环经济。研发和应用餐厨废弃物安全资源化利用技术。加大畜禽粪便集中资源化力度，发挥龙头企业在构建循环经济产业链中的作用。

支持大型农产品批发市场改造升级，鼓励和引导龙头企业参与农产品交易公共信息平台、现代物流中心建设，支持龙头企业建立健全农产品营销网络，促进高效畅通安全的现代流通体系建设。大力发展农超对接，积极开展直营直供。支持龙头企业参加各种形式的展示展销活动，促进产销有效对接。规范和降低超市和集贸市场收费，落实鲜活农产品运输“绿色通道”政策，结合实际完善适用品种范围，降低农产品物流成本。铁路、交通运输部门要优先安排龙头企业大宗农产品和种子等农业生产资料运输。

鼓励龙头企业大力发展连锁店、直营店、配送中心和电子商务，研发和应用农产品物联网，推广流通标准化，提高流通效率。支持龙头企业改善农产品储藏、加工、运输和配送等冷链设施与设备。支持符合条件的国家和省级重点龙头企业承担重要农产品收储业务。探索发展生猪等大宗农产品期货市场。鼓励龙头企业利用农产品期货市场开展套期保值，进行风险管理。

鼓励和引导龙头企业创建知名品牌，提高企业竞争力。支持龙头企业申报和推介驰名商标、名牌产品、原产地标记、农产品地理标志，并给予适当奖励。整合同区域、同类产品的不同品牌，加强区域品牌的宣传和保护，严厉打击仿冒伪造品牌行为。

落实《国务院关于促进企业兼并重组的意见》的相关优惠政策，支持龙头企业通过兼并、重组、收购、控股等方式，组建大型企业集团。支持符合条件的国家重点龙头企业上市融资、发行债券、在境外发行股票并上市，增强企业发展实力。积极有效利用外资，在符合世贸组织规则前提下加强对外商投资的管理，按照《国务院办公厅关于建立外国投资者并购境内企业安全审查制度的通知》的规定，对外资并购境内龙头企业做好安全审查。

积极创建农业产业化示范基地，支持农业产业化示范基地开展物流信息、质量检验检测等公共服务平台建设。引导龙头企业向优势产区集中，推动企业集群集聚，培育壮大区域主导产业，增强区域经济发展实力。

鼓励龙头企业加大科技投入，建立研发机构，加强与科研院所和大专院校合作，培育一批市场竞争力强的科技型龙头企业。通过国家科技计划和专项等支持龙头企业开展农产品加工关键和共性技术研发。鼓励龙头企业开展新品种、新技术、新工艺研发，落实自主创新的各项税收优惠政策。鼓励龙头企业引进国外先进技术和设备，消化吸收关键技术和核心工艺，开展集成创新。发挥龙头企业在现代农业产业技术体系、国家农产品加工技术研发体系中的主体作用，承担相应创新和推广项目。

农业技术推广机构要积极为龙头企业开展技术服务，引导龙头企业为农民开展技术指导、技术培训等服务。各类农业技术推广项目要将龙头企业作为重要的实施主体。

鼓励龙头企业采取多种形式培养业务骨干，积极引进高层次人才，并享受当地政府人才引进待遇。有关部门要加强对龙头企业经营管理和生产基地服务人员的培训，组织业务骨干到科研院所学习进修。鼓励和引导高校毕业生到龙头企业就业，对符合基层就业条件的，按规定享受学费补偿和国家助学贷款代偿等政策。

鼓励龙头企业采取承贷承还、信贷担保等方式，缓解生产基地农户资金困难。鼓励龙头企业资助订单农户参加农业保险。支持龙头企业与农户建立风险保障机制，对龙头企业提取的风险保障金在实际发生支出时，依法在计算企业所得税前扣除。

引导龙头企业创办或领办各类专业合作组织，支持农民合作社和农户入股龙头企业，支持农民合作社兴办龙头企业，实现龙头企业与农民合作社深度融合。鼓励龙头企业采取股份分红、利润返还等形式，将加工、销售环节的部分收益让利给农户，共享农业产业化发展成果。

充分发挥龙头企业在构建新型农业社会化服务体系中的重要作用，支持龙头企业围绕产前、产中、产后各环节，为基地农户积极开展农资供应、农机作业、技术指导、疫病防治、市场信息、产品营销等各类服务。

逐步建立龙头企业社会责任报告制度。龙头企业要依法经营，诚实守信，自觉维护市场秩序，保障农产品供应。强化生产全过程管理，确保产品质量安全。积极稳定农民工就业，大力开展农民工培训，引导企业建立人性化的企业文化，营造良好的工作环境和生活环境，保障农民工合法权益。加强节能减排，保护资源环境。积极参与农村教育、文化、卫生、基础设施等公益事业建设。龙头企业用于公益事业的捐赠支出，对符合法律法规规定的，在计算企业所得税前扣除。

积极引导和帮助龙头企业利用普惠制和区域性优惠贸易政策，增强出口农产品的竞争力。加强农产品外贸转型升级示范基地建设，扩大优势农产品出口。在有效控制风险的前提下，鼓励利用出口信用保险为农产品出口提供风险保障。提高通关效率，为农产品出口提供便利。支持龙头企业申请商标国际注册，积极培育出口产品品牌。

引导龙头企业充分利用国际国内两个市场、两种资源，拓宽发展空间。扩大农业对外合作，创新合作方式。完善农产品进出口税收政策，积极对外谈判，签署避免双重征税协议。对龙头企业境外投资项目所需的国内生产物资和设备，提供通关便利。

切实做好龙头企业开拓国际市场的指导和服务工作，加强国际农产品贸易投资的法律政策研究，及时发布市场预警信息和投资指南。完善农产品贸易摩擦应诉机制，积极应对各类贸易投资纠纷。进一步完善农产品出口检验检疫制度，继续对出口活畜、活禽、水生动物以及免检农产品全额免收出入境检验检疫费，对其他出口农产品减半收取检验检疫费。

各级财政要多渠道整合和统筹支农资金，在现有基础上增加扶持农业产业化发展的相关资金，切实加大对农业产业化和龙头企业的支持力度。中小企业发展专项资金要将中小型龙头企业纳入重点支持范围，国家农业综合开发产业化经营项目要向龙头企业倾斜。农业发展银行、进出口银行等政策性金融机构要加强信贷结构调整，在各自业务范围内采取授信等多种形式，加大对龙头企业固定资产投资、农产品收购的支持力度。鼓励农业银行等商业性金融机构根据龙头企业生产经营的特点合理确定贷款期限、利率和偿还方式，扩大有效担保物范围，积极创新金融产品和服务方式，有效满足龙头企业的资金需求。大力发展基于订单农业的信贷、保险产品和服务创新。鼓励融资性担保机构积极为龙头企业提供担保服务，缓解龙头企业融资难问题。中小企业信用担保资金要将中小型龙头企业纳入重点支持范围。全面清理取消涉及龙头企业的不合理收费项目，切实减轻企业负担，优化发展环境。

符合下列条件的重点龙头企业，暂免征收企业所得税。

(1) 经过全国农业产业化联席会议审查认定为重点龙头企业。

(2) 生产经营期间符合《农业产业化国家重点龙头企业认定及运行监测管理暂行办法》的规定。

(3) 从事种植业、养殖业和农林产品初加工，并与其他业务分别核算。

重点龙头企业所属的控股子公司，其直接控股比例超过50%（不含50%）的，且控股子公司符合上述规定的，可享受重点龙头企业的税收优惠政策。

健全农业产业化调查分析制度，建立省级以上重点龙头企业经济运行调查体系，加强行业发展跟踪分析。完善重点龙头企业认定监测制度，实行动态管理。建立健全主要农产品生产信息收集和发布平台，无偿为龙头企业的生产经营决策提供所需信息。发挥龙头企业协会的作用，加强行业自律，规范企业行为，服务会员和农户。认真总结龙头企业带动农户增收致富、发展现代农业的好经验、好做法，大力宣传农业产业化发展成果，对发展农业产业化成绩突出的单位和个人按照国家有关规定给予表彰奖励，营造全社会关心支持农业产业化和龙头企业发展的良好氛围。

第五节　农业产业化龙头企业的发展策略

一、农业产业化龙头企业的发展要关注的方面

农业产业化龙头企业要注重品牌化战略。传统的价格竞争已经演变为以品牌竞争为核心的全面竞争，龙头企业要注意树立品牌形象。例如，内蒙古蒙牛乳业（集团）股份有限公司坚持“培育核心产品，抢占技术高端”的多品牌化战略，且申请了847件国家专利，注册商品产品有430件；山东鲁花集团有限公司坚持“做好油”的品牌化战略，以“提高国民健康水平，增强民族整体素质”为出发点保证产品质量，用户满意率高达100%。福建圣农集团有限公司坚持“质量优先，专而精”的品牌化战略，在大力开发多种农产品品牌的同时打造顶尖品牌。可见品牌化战略给龙头企业带来活力，提高了产品的市场竞争力，能够扩大龙头企业的市场份额，提高盈利水平。龙头企业要改变传统的农产品生产观念，将品牌化战略发扬光大，在做大品牌的同时，更要注意品牌文化的建设，重视维护品牌信用。

农业产业化龙头企业要注重科技创新战略。科技创新与企业的产品研发、技术变迁等息息相关，是企业发展壮大的必要条件，是决定企业竞争能力的关键因素，企业只有坚持科技创新战略才能适应消费者的不同需求，满足复杂多变的消费市场。龙头企业科技创新要以先进的科学技术为基础，融合农产品创新和工艺创新，提高产品品质和科技含量。与此同时，要加强产品的更新换代，增强企业的综合实力。在科技创新的过程中，要以市场需求为导向，不能忽视市场需求，形成多层次的科技投入结构，以技术支持体系确定龙头产业的发展战略。

农业产业化龙头企业要注重信息化战略。目前，我国农业产业化龙头企业的信息化建设还处于初级探索阶段，在技术变革、人才引进、资金运转等方面还存在短板，为了迎接新的机

遇和挑战，农业产业化龙头企业的信息化建设具有重大意义。

龙头企业应该从实际出发，结合我国国情，实施信息化战略，提高对农业信息化的认识。结合机制创新、体制创新、技术创新和管理创新等活动，以最需要实现信息化建设的环节作为突破口，研发和利用信息资源，提高对市场变化的应对能力。结合资本、信息、技术等要素，构建有效的激励和约束机制，调动企业员工的积极性。充分利用企业外部的信息网络，统计和分析农产品交易数据和价格趋势，根据信息资源制订自身发展计划，实现战略目标。

农业产业化龙头企业要注重联盟战略。在经济全球化的背景之下，企业之间已经从原来单纯的对立竞争关系调整为合作竞争，联盟战略作为合作竞争的主要方式应该受到企业的重视。农业产业化龙头企业需要在产品研发、质量控制、技术创新、市场开拓等方面与其他企业开展合作，打造双赢的局面。一方面，龙头企业可以与国内大的销售网络甚至跨国公司形成战略联盟，并借此拓展企业规模，适应国内外市场；另一方面，可以和农业行业协会结成联盟，获得整个行业的相关信息，与时俱进；再者，还可以与权威科研机构实现战略联盟，借助科研机构的先进技术和研发成果，申请相应产品的专利，实现个性化生产。

农业产业化龙头企业要注重“走出去”战略。“走出去”是我国发展外向型经济，参与经济全球化的必由之路。龙头企业不能只局限于国内市场，而要实施“走出去”战略，拓展国际市场，提高企业的国际竞争力。龙头企业要实现产业结构调整，进行企业机制体制转化，建立资源、人才、技术、资金等各个方面的激励和约束机制，开拓多元化市场，争取能够引入外资，建立良好的资金运转机制。

农业产业化龙头企业要注重可持续发展战略。龙头企业要立足于农业、农村，关注社会的可持续发展目标，在提高利润水平的同时适应外界环境变化，合理配置资源，实现可持续发展。虽然就目前而言，大多数龙头企业还处于起步阶段，时机还不够成熟，没有足够的资金和技术实现可持续发展，但是要树立可持续发展意识，并及时调整完善。只有注重可持续发展战略，才能保证龙头企业稳定、高速发展。

二、农业产业化龙头企业融资方式

龙头企业的内源性融资。内源性融资属于企业的权益性融资，是龙头企业生产经营产生的资金，是内部融通的资金，主要由留存收益和折旧构成，构成企业的自有资金，是一个将自己的储蓄转化为投资的过程。

龙头企业的外源性融资。外源性融资属于债务性融资，债务性融资构成负债，债权人不参与龙头企业的经营决策，龙头企业按期偿还约定的本息。外源性融资方式包括银行贷款、发行股票、企业债券等，通过吸收其他经济主体的储蓄，转化为自己的投资。

其他融资。国家对农业及农业相关产业大力扶持，国家各级政府出台了不少政策扶持农业龙头企业的发展，比如直接拨款、对龙头企业进行贷款贴息、出资为龙头企业组建信贷担保公司、提供税收优惠等。

三、农业产业化龙头企业在融资方面存在的问题

农业产业化龙头企业的融资意识比较薄弱。大多数龙头企业的经营规模较小，处于成长期，生产经营的大多是初级农产品，产品科技含量较低。加上农业企业生产周期较长，资金周转缓慢，具有较强的季节性，投入产出效率低，经营风险较大。

因此，农业龙头企业的融资意识普遍较低，还没有意识到内源性融资对企业的重要意义，内部利润分配存在短期化倾向。企业也缺乏积极争取融资的意识，导致外源性融资不足。

农业产业化龙头企业的融资方式比较单一。龙头企业的融资方式大多停留在常规性的融资方式上，内源性融资主要是将未分配利润、公积金等作为进一步融资；外源性融资大多选择

传统的银行或信用社贷款，农村资金互助组织融资、贷款公司融资等方式很少。

农业产业化龙头企业的融资担保不够完善。信用担保存在担保贷款发放主体少、担保面窄、担保贷款资金额度有限、担保存在风险等问题。

第六节　现代农业产业化品牌管理

一、树立正确的品牌经营理念

品牌是生产者与消费者有效沟通的桥梁。商品的交换，必须建立在沟通的基础上，生产者必须将商品及相关知识告诉给消费者，消费者也必须获得商品的知识作为选择商品的依据。如果不能有效地实现生产者与消费者的沟通，生产者则很难销售产品，消费者也不知如何选购产品。

品牌作为产品的代言人，以其简洁直接的描述将生产者及产品的信息传递给消费者，方便消费者选购。

品牌综合了产品质量、性能、技术以及服务等多个因素，有了品牌，消费者就可以认牌购买，对一种品牌产品的消费，使消费者对这种品牌有了自己的独特感受和体验，并通过品牌的信誉，可以得到品牌产品的质量保证，享受到品牌的售后服务。

品牌差异以及标志使消费者更容易辨认产品，可以节省时间和精力，而品牌也往往使人们更快地做出购买决定。

二、在市场细分的基础上进行品牌定位

我国农产品营销一直实行的是无差异性营销，农户生产单一的农产品去满足整体市场上所有消费者的需求，而没有认识到消费者对农产品的需求也存在着差异性。

农业生产应把整体分成若干个细分市场，实行差异化营销。竞争越激烈，市场细分得越多，对消费者需求的把握程度就越高，品牌的竞争优势就越强。

在市场细分的基础上，农产品应和当地文化结合起来，赋予品牌更多的文化内涵，进行品牌定位，塑造独特的品牌形象。这是提升企业品牌灵魂的必经之路。

第七节　新常态下农业产业化龙头企业的功能

当前，随着工业化、城镇化和信息化快速发展，深化农村改革全面推进，新型农业经营体系加快构建，农业产业化和龙头企业发展进入了一个新阶段。其指导农户开展生产、带动农户进入市场、促进农民就业增收的传统功能将不断得到深化，除此之外，在新形势下农业产业化和龙头企业还要肩负新的功能定位，具体来看，农业产业化和龙头企业由传统的以联接生产和市场为主转向推动农业生产链条重构和经营管理模式转型；由作为重要农产品供给保障主体向农产品质量安全的责任主体延伸；由推动现代农业发展的依靠力量向县域经济和小城镇发展的主要产业支撑拓展。新时期农业产业化经营的功能和定位主要体现在以下五个方面。

一、促进一二三产业融合发展

农业是第一产业，不仅产品附加值较低，而且风险也比较大。促进农业的健康稳定发展，必须跳出农业看农业，通过延长产业链条，突破第一产业的限制，“接二连三”发展农产品加工和销售，拓展农业多种功能，将农业发展的不确定性内在化于产业链整体之中，从而提高农业效益、降低农业风险。农业产业化经营通过整合产业链、提升价值链和拓展多功能，能有效促进一二三产业融合互动发展。2014 年 12 月底召开的中央农村工作会议明确提出，大力发展农业产业化，把产业链、价值链等现代产业组织方式引入农业，促进一二三产业融合互动。

一是整合产业链。产业链整合是对产业链进行调整、协同、组合和一体化的过程，包括横向整合、纵向整合以及混合整合三种类型。本书认为，新时期的农业产业化，既要注重横向整合，通过对产业链上相同类型企业的约束来提高企业的集中度，扩大市场势力；又要注重纵向整合，通过对上下游施加纵向约束，使之接受一体化或准一体化的合约，通过产量或价格控制实现纵向的产业利润最大化。新时期，通过促进龙头企业做大做强，开展股权并购、战略联盟，发挥龙头企业协会行业自律的作用，可以有效促进产业链横向整合；通过发展自建基地和订单基地，发展会员制农业和订单农业，强化契约执行，可以有效促进产业链的纵向整合。从这两个方面来看，农业产业化经营都是产业链整合的重要途径。

二是提升价值链。价值链的概念是由美国哈佛商学院的迈克尔·波特（Michael E. Porter）于 1985 年在其所著的《竞争优势》一书中首先提出的。他认为，任何企业的价值链都是由一系列相互联系的创造价值的活动构成，这些活动分布于从原材料获取到最终产品消费时的服务之间的每一个环节，包括供应商价值链、企业价值链、渠道价值链和买方价值链，这些环节相互关联并相互影响。将价值链理论运用到农业经营中，可以发现，通过农业产业化经营，发展农产品加工、流通和各种服务，创新商业模式，依托产业链条上的各类主体，通过利益联结机制，将农户、合作社、龙头企业、流通企业以及消费者紧密地联系在一起，能有效提升产业价值链，让各相关主体分享产业增值收益。

三是拓展多功能。农业多功能性概念的提出可以追溯到 20 世纪 80 年代末和 90 年代初日本提出的“稻米文化”。1992 年联合国环境与发展大会通过的《21 世纪议程》正式采用了农业多功能性提法。根据国外的研究结果，结合我国的实际和研究，农业多功能性的含义可归纳为：农业多功能性是指农业具有提供农副产品、促进社会发展、保持政治稳定、传承历史文化、调节自然生态、实现国民经济协调发展等功能；且各功能又表现为多种分功能，各功能表现为相互依存、相互制约、相互促进的多功能有机系统特性。在更加注重生态环境、文化传承、质量安全的背景下，农业的重要作用不言而喻。对当前的农业产业化来讲，也要突破传统的产加销一体化模式，将产业化的内涵拓展到更加广阔的领域，如休闲观光、农事体验、文化传承、生态保护等，实现经济效益、社会效益和生态效益的有机结合。

二、促进新型农业经营体系构建

党的“十八大”提出了构建集约化、专业化、组织化、社会化相结合的新型农业经营体系这一重大任务。中央提出这一任务，是为了破解未来“谁来种地”“地怎么种”等农业生产经营面临的紧迫问题。其中，集约化是相对粗放经营而言的，主要指加强对农业的投入，提高农业生产效率；专业化是相对兼业化而言的，主要指培育专业大户、家庭农场等职业农民；组织化是相对分散经营而言的，主要指通过农民合作社、专业协会、龙头企业的带动，提高农户生产的组织化程度；社会化是相对个体而言的，主要指加强农业社会化服务，克服农户小规模经营的弊端。对当前而言，构建新型农业经营体系，核心是培育新型农业经营主体，关键是健全各主体间的利益关系，重点是加强农业社会化服务。

发展农业产业化经营，通过龙头企业与农户建立利益联结关系，能有效培育新型农业经营主体，提升农业社会化服务水平，促进家庭经营、集体经营、合作经营、企业经营融合发展，推进新型农业经营体系的构建。

一是孵化和培育新型农业经营主体。发展农业产业化经营，通过龙头企业的引领，以“公司+农户”的组织模式为基础，龙头企业将现代的经营管理理念和先进适用技术传授给农民，提高了他们的综合素质和劳动生产率，扩大生产经营规模，带动农户发展壮大，催生形成了一批专业大户和家庭农场；龙头企业通过引导农户联合成立农民合作社，或参与领办创办合作社，为合作社提供质量体系建设、技术指导、市场开拓和资金支撑，打造了一批组织化水平高、凝聚力向心力强、服务功能完善的农民合作社。在龙头企业的引领下，在产业化经营方式的作用下，培育和形成小农户、专业大户、家庭农场、农民合作社、龙头企业等多元经营主体，为构建新型农业经营体系提供主体支撑。

二是融合家庭经营、集体经营、合作经营和企业经营等多种经营方式。党的十八届三中全会提出，坚持家庭经营在农业中的基础性地位，推进家庭经营、集体经营、合作经营、企业经营等共同发展的农业经营方式创新。在实践中，这四种经营方式各有所长。家庭经营的优点是劳动监督成本低，集体经营具有组织优势和交易成本低的特点，合作经营的优点是农民组织化程度高和谈判能力强，企业经营的优点是资金技术密集以及加工和开拓市场能力强。通过农业产业化经营，以产业链为主线，通过“公司+农户”“公司+合作社+农户”“公司+集体经济组织+农户”等组织模式，可以将不同主体联结起来，生产商品农产品，实现生产加工销售的有效连接；以要素优化配置为途径，发挥家庭农场、集体经济组织、农民合作社、龙头企业在生产要素方面的各自优势，实现资源利用和经济效益的最大化；以利益为纽带，采取订单收购、利润返还、股份分红等多种形式，让各类主体合理分享产业链的增值收益。

三是促进新型农业社会化服务体系发展。新型社会化服务体系发展的方向和重点是经营性服务组织。中央一号文件指出，发挥经营性服务组织在社会化服务体系中的生力军作用。在经营性服务组织中，龙头企业实力雄厚，与农户、合作社等长期合作，在提供服务上具有质量优、针对性强、供需对接顺畅等优势，是新型农业社会化服务体系的骨干。龙头企业要继续通过为农户提供农资销售、农机作业、统防统治、生产技术指导、产品销售等统一服务，解决一家一户办不了、办不好、办起来不划算的事情。在新形势下，龙头企业还需要继续充分发挥自身的资源优势，不断探索贷款担保、风险防范、财务管理、商务咨询和经营模式辅导等新的服务方式，在新型农业社会化服务体系中承担更多更重要的责任。

三、推动农业转型升级

我国人多地少水缺和生态环境脆弱的基本国情，决定了当前粗放式、外延式的农业发展方式难以为继，急需通过产业转型升级，走集约化、内涵式的现代农业发展道路。农业转型升级的过程，就是通过向农业注入资金、技术、人才和先进管理方式，将传统农业改造为现代农业的过程。在这个过程中，龙头企业由于具备资金、技术、人才等多方面的比较优势，能够弥补传统农业的缺陷和不足，是引领农业转型升级的重要力量。《国务院关于支持农业产业化龙头企业发展的意见》（国发〔2012〕10号）开篇就明确指出，龙头企业集成利用资本、技术、人才等生产要素，带动农户发展专业化、标准化、规模化、集约化生产，是构建现代农业产业体系的重要主体。党的十八届三中全会决定明确提出，鼓励和引导工商资本到农村发展适合企业化经营的现代种养业，向农业输入现代生产要素和经营模式。

一是促进先进技术和优秀人才导入农业。当前，农村青壮年劳动力大量转移，高素质劳动力快速流失，农业缺人手特别是缺人才，已成为制约农业转型升级的瓶颈。近年来，随着龙头企业的不断发展壮大，通过发展订单农业，向农业输出新技术新工艺，向农民输出标准化生产方式，培养造就了一大批新型职业农民。同时，龙头企业依托其稳定的生产工作条件和广阔的发展前景，还吸引了一大批优秀人才加盟，参与农业产前、产中、产后各环节，成为各类人才和先进适用技术进入农业的有效渠道。龙头企业将先进的技术教给农民，将工业化的生产理念应用于农业，将优秀的人才留在农村，缓解了农村人才快速流失的局面，培养造就了一大批懂技术、会经营、善管理的新型职业农民，提高了农业生产经营人员的水平和素质，从一个方面回答了“谁来种地”“地怎么种”的问题，也为农业转型升级提供了智力支撑。

二是推动资本和技术集约型农业示范推广。随着工业化和城镇化的持续发展，农村劳动力拥有非农就业机会越来越多，农村劳动力从事农业的机会成本在不断提高。在这种形势下，农业劳动力正逐步由过剩转向短缺，过去以过密化劳动投入为特征的传统农业已无法持续，集约利用资本和技术成为现代农业发展的大方向。而这种集约利用资本和技术的农业生产方式尽管产出较高，但不容忽视的是这种模式具有很强的不确定性，即高投入、高产出与高风险并存。而现有的小规模农户自身实力弱，抗风险能力差，尚不完全具备发展资本、技术密集型农业的条件。并且农户一般都是风险厌恶型，只要他们没有亲眼看到新技术、新品种、新工艺的效果，技术推广就很难进行和普及，在投入方面会异常谨慎。在这种情况下，就可以发挥龙头企业的示范和带动效应，通过龙头企业率先应用最新科技成果、改进生产工艺，建设高效的产加销一体化生产服务体系，推动农业生产由劳动密集向资金和技术集约的方向转变，进而提高土地产出率和劳动生产率，增加农业经营的效益。当农民看得见、摸得着这些实实在在的收益时，向农户示范应用推广新产品、新技术的阻力就会大大减少，龙头企业也就起到了为发展现代农业创造经验、为农户提供试验示范的作用。

三是引领农业商业模式创新。当前的农产品市场总体是一个买方市场，农产品不仅面临国内的激烈竞争，而且随着中国对外开放程度的加深，国际竞争也越来越大。在这种形势下，谁赢得市场，谁就能在激烈的竞争中存活下来，可以说，市场是决定产业兴衰的关键因素。在传统农业生产经营方式下，由于农产品供求信息不对称，物流渠道不畅通、销售方式单一，总是难以走出“少了抢、多了贱”的销售困境。与其他农业经营主体相比，龙头企业具有贴近市场的优势，具有更加敏锐的嗅觉，在商业模式创新上更加具有前瞻性和适应性。在农业产业化经营20多年的实践中，龙头企业逐步探索出了定制农业、特许加盟经营、电子商务营销、会员直供直销等多种模式，顺应消费结构升级和消防习惯改变，引领农业生产经营方式的创新。

四、保障农产品质量安全

当前，随着人们生活水平的提高，对农产品的需求已经由数量向质量转变，由吃得饱到吃得好、吃得安全转变。特别是近年来发生了一些农产品质量安全事件，全社会都对质量安全绷紧了神经，高度关注这个问题。之所以频频出现质量安全问题，究其原因，就是传统农业产业各环节是断裂的，质量安全追溯很困难，责任主体不明确，信用体系不健全，很难有效保障农产品质量安全。推进农业产业化经营，实现农业的区域化布局、规模化经营、标准化生产和企业化管理，为保障农产品有效安全供给建立了有效机制。特别是强调龙头企业的责任主体作用，发挥龙头企业保障质量安全的主动性，能为保障农产品质量安全提供有力支撑。

龙头企业是一个法人主体，属于市场中的“非匿名交易者”。在这种情况下，市场信誉和品牌价值可能会因为一次质量安全问题而毁于一旦，这势必会形成一种市场倒逼机制，迫使其不得不高度重视质量安全问题。在农业产业化经营模式下，龙头企业就自然成为了质量安全的责任主体，从机制上解决了质量安全事件无法追踪溯源的问题。从这个视角来看，龙头企业保障质量安全与企业健康持续发展具有内在统一性，其具有保障质量安全的内生动力。

在生产组织上，龙头企业建立高标准生产基地，统一投入品使用、生产技术和工艺，杜绝违禁化肥、农药、兽药进入农业生产环节，从源头上保障农产品的质量安全。在质量追溯上，龙头企业可以指导农户做好农产品生产记录，定期监测产地环境，建立完善基地生产档案，构建农产品加工和流通标准化生产体系，强化质量安全责任制，通过定量包装、标识标志、商品条码等手段，建立“从田头到餐桌”的质量可追溯机制。在第三方监督上，龙头企业开展无公害农产品、绿色食品、有机食品等质量安全认证，通过 ISO、HACCP 等质量管理体系认证，建立健全生产操作规程，有效提升质量水平和品牌价值。

五、发展县域经济和小城镇建设

近年来，我国的城镇化发展很快，然而，我国的城镇化存在着发展质量低、发展不平衡的问题，突出表现在人城市和特大城市“城市病”问题突出，以及半城镇化特征明显。党的十八届三中全会针对这一问题明确提出，坚持走中国特色新型城镇化道路，推进以人为核心的城镇化，全面放开建制镇和小城市落户限制，推动大中小城市和小城镇协调发展、产业和城镇融合发展。从中央的表述可以看出，县域经济和小城镇将是未来城镇化发展的一个重点。农业产业化具有集聚产业和就业的作用，可以为县域经济和小城镇提供产业支撑，促进产业和城镇融合发展，具有县域经济和小城镇发展引擎的作用。

一是开发利用农村优势资源。我国各地有着不同的自然、经济和社会条件，大部分县域都拥有具有地域特色的农业资源、独特的传统文化资源和丰富的人力资源。通过农业产业化经营，充分利用龙头企业在信息、技术和品牌、渠道等方面的优势，找准当地资源和市场对接的着力点，有利于开发当地优势资源，发掘农业多种功能，发展特色农产品、休闲农业、生态旅游和农耕文化产业，推动资源变产品、产品变商品、商品变名品。

二是培育壮大农业主导产业。农业产业化经营是培育壮大县域经济和小城镇主导产业的有效途径，通过龙头企业带动，建设规模化、标准化原料基地，发展农产品加工以及储藏、包装、运输、营销等配套产业，将产前、产中、产后各环节有机统一起来，可以形成完整的产业体系。通过引导龙头企业向优势产业和优势产区聚集，促进产业链条纵向延伸和横向扩张，形成企业分工明确、协调配合、资源共享、优势互补的产业运行体系，发挥企业集群规模效应，形成区域经济增长极；龙头企业的集群发展可以加快信息、金融、咨询等相关服务业发展，吸引人口向集聚区集中，带动文化、教育、卫生等社会事业和餐饮娱乐等服务业发展，有利于推动城镇化建设。

三是促进区域间产业转移。当前，东部地区经济快速增长，但也暴露出资源约束加剧、经营成本增加、竞争日趋激烈等突出问题，产业转型升级的要求越来越迫切，尤其是龙头企业面临的土地资源和劳动力成本的约束更为突出，这使得东部龙头企业把目光投向广大中西部地区，区域间的产业转移加速。在这种背景下，中西部地区充分发挥资源优势和政策优势，改善基础设施和生产条件，主动承接东部地区产业转移，加强区域间联合合作，可以加速中西部地区县域经济和小城镇的发展。

第七章　农业社会化服务

第一节　农业社会化服务体系的概述

一、农业社会化的含义

农业社会化，是指生产环节上的社会化，生产要素为适应生产力的发展要求在社会范围内流动，将分散的个体行动整合为有效的集体行动。农业社会化就是在社会分工和农业生产专业化的基础上将原来封闭、孤立、自给的体系转变为开放、分工、协作的商品性体系的过程，是农业生产和发展方式的转变。农业社会化是现代农业的重要标志和组成部分，是实现现代农业的支撑手段。一方面，农民在实际生产经营过程中，受自身能力素质的限制对社会有所依赖，而且市场经济的发展和社会开放程度的提高带动农业、农村向现代农业和城市生活过渡，分散农户进入到开放的全球化市场经济范围内，参与到社会化分工合作当中。另一方面，农业生产的专业化和规模化不断提高，其他社会经济部门逐渐参与到农业生产经营当中，更多的人从农业生产中分离出来，流向二三产业。农业生产对外部资本、技术、市场环境和政策的依赖程度增强，农业生产经营的高效运转需要其他社会经济部门的参与和支持。

通过农业社会化，能够将分散农户组织起来，将小农生产经营纳入现代农业发展当中，通过分工协作发挥规模效应，有效转化农业科学技术，实现农业机械化，增加农业综合生产能力，推动农业的专业化、设施化和机械化，实现城乡统筹发展，建设和谐社会。

二、农业社会化服务体系的含义

农业社会化服务体系是农业分工扩大的结果，是农业生产经营商品化和市场化发展到一定程度的表现，是为农业生产提供社会化服务的成套的组织机构和方法制度的总称。它是以乡村集体或者合作社经济组织为基础，以专业的经济技术部门为依托，以农民自办服务为补充，运用社会各方面的力量，使经营规模相对较小的农业生产单位适应市场经济体制的要求，克服自身规模较小的弊端，争取获得大规模的生产效益的一种社会化的农业经济组织形式。农业社会化服务体系是农业社会化服务单位、服务内容和服务方式三个方面的统一。

第二节　新型农业社会化服务体系

一、农业社会化服务体系的要件构成

农业社会化服务体系的基本构成要件。

（1）农业技术推广体系。

（2）动植物疫病防控体系。

（3）农产品质量监管体系。

（4）农产品市场体系。

（5）农业信息收集和发布体系。

（6）农业金融和保险服务体系。

二、农业社会化服务体系的组成

与农业相关的社会经济组织包括政府公共服务机构，农村自发形成的农业合作经济组织，农业产业化龙头企业以及科研教育单位等。政府公共服务机构包括政府行政部门、各级基层政府、乡镇级派出机构、村级集体组织等，一般会提供基础设施建设服务、技术推广服务、资金投入服务体系，提供信息、政策和法律支持服务等。具体如图 7-1 所示。

农业社会化服务体系提供的各种服务包括农业产前、产中、

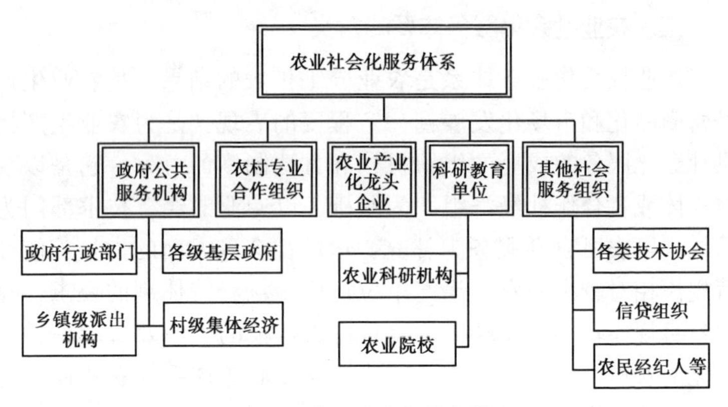

图 7-1　农业社会化服务体系

产后的全面、系统、一体化的服务。如产前的生产资料供应(种子、化肥、农药、薄膜等)，产中的耕种技术、栽培技术、病虫害防治技术等技术服务，以及产后的销售、运输、加工等服务。

三、农业社会化服务体系内部结构的关系

政府公共服务机构指导调控农村专业合作组织、农业产业化龙头企业、科研教育单位和其他社会服务组织，主要提供公益性服务，补充提供市场化服务。农村专业合作组织主要提供互助性服务，补充提供公益性服务。农业产业化龙头企业主要提供市场化服务，补充提供农技服务。科研教育单位主要提供农技服务，补充提供公益性服务。其他社会服务组织主要提供互助性服务，补充提供市场化服务，如图 7-2 所示。

第三节　农业社会化服务体系发展现状

经过多年的改革发展，多元化的社会化服务体系在我国已经基本形成并初具规模，服务内容和功能日益完善。

一、公益性农业社会化服务体系建设不断完善

我国公益性农业社会化服务主要由农业技术推广服务体系、

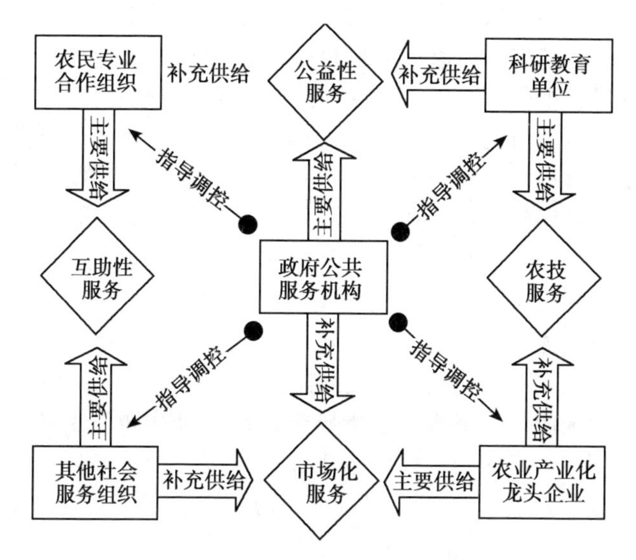

图 7-2 农业社会化服务体系内部结构的关系

动物疫病防控体系和农产品质量认证体系三部分组成。

在农业技术推广体系建设方面，我国通过加大投入力度，按照行政体系建立了从中央到地方的较为完善的农业技术推广体系。截至 2017 年年底，农业部所属种植业、畜牧兽医、渔业、农机化四个系统，省、地、县、乡四级（以下简称四系统四级）共有编制内农技人员 52.3 万人，设立国家农技推广机构 7.9 万个，其中省级机构 260 个，地市级 2 400 多个，县级 1.96 万个，乡镇级 5.68 万个（包括区域站 0.33 万个），基本实现了西部地区乡镇农技推广机构条件建设“全覆盖”、中东部地区乡镇农技推广机构仪器设备“全覆盖”。从分布行业来看，种植业和畜牧兽医所占在全国独立设置的农技推广机构中所占比重最大，种植业占 42.5%，畜牧兽医占 37.3%，两者占总数的 80%。农技推广机构的管理体制也逐渐理顺，基层农技推广机构以“县管”“县乡共管”为主，二者在总体中占比为 64%。

在动物疫病防控体系建设方面，动物疫情防控体系逐步建立并日渐完善，从纵向看，防控体系主要包括中央一省一县一乡镇四级，其中，国家级动物疫病防控和技术支持体系以农业部兽医局、中国兽医药品监察所、中国动物疫病预防控制中心、中国动物卫生与流行病学中心及四个分中心为主体，全国大部分省份通过动物疫病防控体系改革，逐步建立了动物疫情防控体系并向基层延伸；从横向看，防控体系主要由疫病监测预警、预防控制、防疫检疫监督、兽药质量监察和残留监控、防疫技术支撑和物资保障六个相互作用、环环相扣的子系统组成，构成动物防疫体系的整体。法规体系和制度建设不断完善，国务院发布了《国家中长期动物疫病防治规划（2012—2020 年）》，这是新中国成立以来第一个指导全国动物疫病防治工作的综合性规划，标志着动物疫病防治工作进入了一个新阶段；国家启动了《动物检疫管理办法》等《动物防疫法》配套规章制度的修订工作，动物疫病防控的法规体系得到完善。截至 2017 年年底，全国落实基层动物防疫工作补助经费 7.8 亿元，培训乡村兽医和村级防疫员共 23 万名。初步确认官方兽医 101 369 名，取得执业兽医师资格和执业助理兽医师资格的人数分别达到 25 735 人和 27 108 人。2017 年全年全国产地检疫畜禽和屠宰检疫畜禽分别达到 92.76 亿头（只）和 59.95 亿头（只），较上年增长了 11.1%和 16.1%。

在农产品质量认证体系建设方面，基本形成了产品认证为重点、体系认证为补充的农产品质量认证体系。在产品认证方面，开展了无公害农产品认证、绿色食品认证和有机食品认证；在体系认证方面，开展了水产品企业 HACCP 认证和兽药 GMP 认证，已有数百个部级质检中心通过农业部授权认可和国家计量认证，全国 31 个省份依托现有部级质检中心建设或新建了省级农产品质检机构，20 多个省份建立了地级农产品质量安全检验检测分中心。

二、经营性农业社会化服务组织初具规模

经营性社会化服务组织是社会化服务体系的重要组成部分，

截至2017年年底，我国共有各类农业产业化经营组织30.87万个，其中龙头企业11.83万家、中介组织17.44万个、专业市场1.60万个，比2016年分别增长了6.35%、10.17%和9.21%。龙头企业发展迅速，其所提供的农产品及加工制品占农产品市场供应量的1/3，占主要城市“菜篮子”产品供给的2/3。

全国各类产业化组织共带动1.18亿农户，农户参与产业化经营年户均增收2 803元。龙头企业涵盖农产品收购、流通、加工等产前、产中、产后各环节，通过积极为基地农户提供农资供应、技术指导培训、农机作业、疫病防治、产品收购、仓储运输、贷款担保、市场信息等服务，提高了农户生产经营水平。同时发展了“公司+基地+农户”“公司+合作社（协会）+基地+农户”“公司+政府机构+基地+农户”“公司+村委会+基地+农户”等多种模式。

【经典案例】

湖南安邦新农业科技股份有限公司

湖南安邦新农业科技股份有限公司原为单一的农资销售企业，在市场拓展中，公司发现大部分农民由于种田亏损而抛荒或粗放经营，公司的农资销售市场因而也日益缩小。为了保证市场，安邦从土地流转入手开始进入农业全程服务领域，探索规模化、专业化、标准化服务模式。

它的服务模式是一个复杂的系统工程，实行分层管理，专业分工、各负其责。安邦公司在县级设立了独立核算的县级子公司，每个县按照基地规模有10~20个乡镇综合性农业服务中心。安邦公司拥有立体育秧工厂、智能配肥站、谷物烘干中心等，主要负责制订标准化生产技术方案、组织提供选种—育秧—机插—施配方肥—机耕—有害生物专业化防治—机收—谷物烘干的全套服务或点单服务，直接提供种苗、农药、测土配方肥、谷物烘晒和贷款担保等。县级子公司负责指导乡镇综合性农业服务中心，收集专业大户生产计划等信息，汇总报送全县生产计划及农资需求信息；牵头领办农机、优质稻、有害生物防治三个专业合作社，与合作社签订服务协议并根据服务量进行结算。乡镇综合性农业服务中心相当于服务客户的终端，负责收集分散农户的生产计划、种植品种及其育秧、农药、配方肥等需求信息，农机、统防统治、作业服务及农产品收购需求信息，用户对服务质量反馈信息，通过视频可针对农户需要联系农业专家进行生产技术指导。农机、有害生物防治合作社分别由农机手和机防手组成，按照与公司签订的服务协议在机耕、机插等主要生产环节开展连片作业服务。优质稻合作社由生产大户组成，负责土地流转、制定分片规划、与企业和农户双向经营结算。生产大户负责除外包服务环节外的基本田间管护，独立核算收益，一般种植面积在200亩左右。它以专业化服务公司为主导，既借助了公共服务机构在测土配方和病虫害测报方面技术力量，又发挥了专业合作社在劳动密集型服务上的优势，通过乡镇—县子公司—公司自下而上传输农资需求、作业服务需求、服务质量反馈等信息，再从上而下输送农资、作业服务，实现供需有效对接。

公司逐步推广这种新农业服务模式，实现了农户与公司共赢：由于实行专业化分工、全程农业机械化服务，降低了农民的劳动强度，将农民的耕作能力从10亩提高至200~500亩，种植大户可获15万元左右的年收入；采用测土配方施肥和有害生物专业化统防统治等先进技术，可提高肥料吸收利用率8%~10%，降低农药的使用量，从而节约了农业生产成本，进一步提高粮食种植效益，亩效益达300元。公司主要从农资生产销售、组织外包服务、谷物加工增值等环节获得收益，每亩服务套餐收益约为100元，点单20~50元，规模越大，收益越多。

三、非营利性农业社会化服务组织基础作用日益显现

非营利性农业社会化服务主要由合作经济组织提供。其所

提供的内部服务，是整个农业社会化服务体系的基础。通过参加合作经济组织，农户在保持自主经营和管理的基础上，提升了抵御市场风险的能力。目前，我国农业合作经济组织发展迅速，截至2017年12月底，全国登记注册的专业合作、股份合作等农民合作社达98.24万家，同比增长42.6%；农机合作社达到4.1万个，经营土地面积1.2亿亩，服务农户4 500多万户，完成作业服务总面积7.5亿亩，约占全国农机化作业总面积的13%；农民用水合作组织达到8.05万个，林业专业合作社达到4.16万家，供销合作社系统领办的合作社达9.3万家。合作经济组织的产业分布也非常广泛，涉及种养、加工和服务业，其中种植业约占45.9%，养殖业达27.7%，涵盖粮棉油、肉蛋奶、果蔬茶等主要产品生产，并逐步扩展到农机、植保、民间工艺、旅游休闲农业等多领域。

第四节　农业社会化服务组织体系的建设

一、发展农业社会化服务体系

发展农业社会化服务体系应遵循的基本原则。

多层级结合，鼓励农科教结合、农商结合、物技结合、政物结合等组成的大型承包集团走进农村，发挥其自身优势，推进农业的社会化服务。鼓励原材料产地和农产品加工企业直接联系，企业与集体经济组织和农户之间结成利益共同体，实现产供销一条龙服务，通过合同方式形成稳定的供求关系。

二、发展贸工农、产供销一条龙的农业社会化服务体系

贸工农、产供销一体化的经营方式是大势所趋，都是以市场为导向，实现生产、加工、销售的一体化经营，这可以将国有、集体和个体经营有效联结在一起，突破所有制的界限；可以将不同地区的企业衔接起来，突破地域的界限，从而促进生产要素的优化组合和产业结构的调整，实现城乡之间的优势互补。

三、以竞争为动力，在竞争中求生存和发展

通过竞争改善经营管理。在合作经济组织、龙头企业、公共服务机构内部建立人员聘用、薪酬计量、绩效考核、经营管理等方面的规范和竞争机制，促进服务主体蓬勃发展。要面向社会吸收高素质人才，提升农业社会化服务工作的优势和潜力，通过公开透明、科学合理的绩效考评机制兼顾经济效益和社会效益。各类不同服务主体提供的服务要向市场方向延伸，提高服务效果，服务较好的才能占领市场，适应市场供求和价格环境的变化。

四、农业社会化服务体系要建立合理的激励机制

鼓励参与农业社会化服务的人员提高服务技能，挖掘自身潜力，提高工作积极性。对服务效果差、农民满意度低的服务项目要改正完善。对于积极配合的农户给予一定补贴和优惠，增强农民的参与意识。

五、农业社会化服务体系要建立合理的投入机制

农业社会化服务体系要建立合理的投入机制，坚持有所为有所不为，确保提供农户需要的服务。根据服务职能确定是否投入和投入力度，针对农业社会化服务现状确定投入领域和投入资金。

六、农业社会化服务体系要保持创新

只有在正确有效的创新机制推动下，农业社会化服务体系才能持续发展。服务内容方面，要依靠科学技术，探索促进农业生产能力提高的服务成目；供给模式方面，根据市场需求优化组合，调动可用力量，形成优质服务的产业发展链条；管理模式方面，建立合理创新的人事管理制度、奖金分配制度，提高相关人员的创新能力。通过营造创新氛围，建立新型农业社会化服务体系。

七、农业社会化服务体系要大力发展现代农业信息服务

加强市场供求信息、价格信息等方面的预测和分析，对于有竞争力的农产品从产前、产中、产后关注全面信息，帮助提高产品竞争力。逐步建立农业信息商品市场，促进信息传播，实现农业信息商品的供需对接。

提高农业生产资料供应服务水平，完善农资配送模式。农资生产企业要摒弃自给自足的做法，合理配置资源，保证配送效率，加强企业管理。同时要发展第三方外包型农资配送模式，利用第三方的专业优势，使农资企业和农户都享受到高品质服务。完善农资配送模式和配送体系，强化站点建设，培养专业人员，加大监管力度，建立区域性的农资物流配送中心。

八、建设农业社会化服务体系要注意的问题

建设农业社会化服务体系要注意以下问题。

1. 建立大农业、大服务、大流通体系

大农业的关键是生产力；大服务要包括整个农业服务，包括农、林、牧、渔业，乡镇企业和其他的农村、农民生产生活配套服务；大流通的中心是建立大市场。总之要开展多渠道、多领域、多层次、多类型的农业社会化服务。

2. 做好科技创新、技术服务

调动参与者的积极性，实行科技有偿服务，通过现代科技和增强商品经济意识，提高农业生产和服务水平，不断开拓创新，发展农村经济。

3. 改变服务观念，调整服务结构，转换服务机制

要拓宽服务领域，农村、农业流通实现市场化、社会化和现代化。打破地区和部门的界限，充分利用市场调节机制，将企业和农户组织起来，培育全国统一的大市场，形成强大力量。

4. 联合与竞争并存

农业社会化服务涉及农民的切身利益，要与农业、农村、

农民相关的各个部门合理配合，既要联合也要竞争，通过竞争取长补短，发展农业社会化服务体系。

5. 鼓励投资，大力发展农业，发展社会化服务体系

企业是推动农业产业化的龙头，以农民为基础，以市场化、集约化、现代化的生产方式组织生产、加工和经营，是推动农业社会化服务体系和农业生产发展的新思路和新手段。

主要参考文献

范忠宏. 2017. 新型农业经营主体组织创新研究 [M]. 沈阳：辽宁大学出版社有限责任公司.

肖力. 2016. 扶持新型农业经营主体发展的制度创新研究 [M]. 北京：经济科学出版社.